"十四五"时期国家重点出版物出版专项规划项目

半导体与集成电路关键技术丛书

半导体

技术初探

陈　译　陈铖颖　吕兰兰　编著

机械工业出版社

CHINA MACHINE PRESS

本书内容从半导体相关基础知识入手，首先介绍半导体的物理特性，以及与其相关的晶体、原子、能带理论、空穴、掺杂等基本概念；再从晶体管入手，讲述晶体管的结构、工作原理、制备工艺，以及集成电路的相关知识；最后，落地到应用，介绍了半导体器件的使用和具体的应用电路，以及半导体器件参数和等效电路。由于半导体技术涉及材料、微电子、电子、物理、化学等专业，属于交叉学科，还涉及许多全新的领域，相关教材及参考书籍较少，适合初学者入门的书籍更少。为此，本书在编写过程中，通过提供详细的图表和丰富的实例来提高可读性与易懂性，为读者进入半导体这一领域提供了一本入门指南。

本书涵盖大量具有代表性的与半导体相关的内容，主要强调对基础器件结构及内部工作机制的基本认识。本书内容深入浅出、图文并茂，适合半导体领域的工程技术人员、大专院校的学生作为专业技术的学习资料，也可以作为广大科技爱好者了解半导体技术的初级读物。读者通过对本书内容的阅读，也将为后续的深入学习，如集成电路制造、集成电路设计、集成电路测试等打下理论基础。

图书在版编目（CIP）数据

半导体技术初探 / 陈译，陈铖颖，吕兰兰编著.
北京：机械工业出版社，2025. 7. --（半导体与集成电路关键技术丛书）. -- ISBN 978-7-111-78360-2

Ⅰ. TN3

中国国家版本馆 CIP 数据核字第 2025FX8570 号

机械工业出版社（北京市百万庄大街 22 号　邮政编码 100037）
策划编辑：江婧婧　　　　　　　责任编辑：江婧婧　卢　婷
责任校对：张爱妮　李　杉　　　封面设计：王　旭
责任印制：李　昂
涿州市般润文化传播有限公司印刷
2025 年 7 月第 1 版第 1 次印刷
169mm×239mm · 14 印张 · 238 千字
标准书号：ISBN 978-7-111-78360-2
定价：89.00 元

电话服务　　　　　　　网络服务
客服电话：010-88361066　机　工　官　网：www.cmpbook.com
　　　　　010-88379833　机　工　官　博：weibo.com/cmp1952
　　　　　010-68326294　金　书　网：www.golden-book.com
封底无防伪标均为盗版　机工教育服务网：www.cmpedu.com

我国半导体与集成电路产业发展的宏观环境十分有利：市场需求持续旺盛，产业政策和投资环境持续向好，这些因素都促使半导体产业持续发展。随着产业高速发展，对人才的需求也不断增加。由于半导体技术涉及材料、微电子、电子、物理、化学等专业，属于交叉学科，还涉及许多全新领域，相关教材及参考书籍较少，适合初学者入门的书籍更少。为此，本书在编写过程中，通过提供详细的图表和丰富的实例来提高可读性与易懂性，为读者进入半导体这一领域提供了一本入门指南。

1947 年，贝尔实验室成功制造出了第一个晶体管。但是，晶体管真正作为一种"实物"出现在我们眼前，是 1956 年前后的事情。当时人们的震惊是难以想象的。之前只知道电子管（也叫真空管）的人们，突然被展示了尺寸只有 1mm 的小颗粒，并被告知它可以用来放大信号，而且，它不需要灯丝，不会摔坏，寿命几乎是永久的——简直是优点多到数不过来，就像未知的宇宙飞船降临地球一样。

晶体管在多个方面引发了革命。

首先是材料革命，在此之前，真空管需要切割和弯曲金属作为电极，并封装在玻璃管中；电阻器也是类似"陶器"一样的东西；当然，阴极等材料早已被研究过。但电子工程学本质上还是一种"连接金属线"的技术。

其次，晶体管是通过控制物质内部电子的运动来发挥作用的，这种新理念成为下一代电子工程学的巨大跳板。电子工程学从"连接金属线"的阶段迈向了物理学领域，并逐渐创造出新的科学分支。

此外，晶体管的小型化本身也是一种革命。如果要制造非常复杂的电子电路，传统技术会导致电路本身变得过于复杂，难以实际操作，因此很多人都放弃了。然而，随着晶体管时代的到来，这个梦想似乎可以实现了。信息处理学科也因此迅速发展。如今，大家都很熟悉计算机的强大功能，而晶体管的出现正是使电子计算机成为可能的关键。

从晶体管的发明到现在，还不到 80 年。以历史发展的角度来看，这是一段非常短的时间。然而，晶体管的发展速度却令人难以置信。在现代科学中，很少有技术能像晶体管这样快速迭代。考虑到这种惊人的速度，再过10年会有什么新东西出现，简直无法想象。

其中一个重要的成果就是集成电路（IC），大家应该都耳熟能详了。看到IC时，你会觉得它超越了人类智慧，像是宇宙时代的产物。然而，它却是由人类亲手制造出来的，这实在令人惊叹。

从晶体管到IC，半导体材料的发展留下了很多足迹。未来，它还会继续前进。然而，半导体的原理确实不容易理解。很多人觉得它不像金属线那样直观可见，因为它"看不见"。

正如之前所述，晶体管和半导体的历史其实非常短暂。可能有人认为晶体管已经完全开发完成，只需要使用就可以了。但实际上，我们每个人都处在半导体发展的历史进程中，并非旁观者。我们可以吸收前人积累的知识，但也要有决心创造属于自己的历史。半导体领域仍然是一个充满创意的领域，值得每个人去探索和创新。

为了做到这一点，我们需要首先了解半导体内部发生了什么。本书将深入浅出地讲解半导体的原理，并介绍晶体管的工作原理及简单电路的运行方式。

半导体技术不断推动人类进步，助力人类收获诸多科技成果。例如，被称为LSI（大规模集成电路）的技术，能够部分替代人类大脑的功能。如今，我们身边已经有了个人计算器和数字手表等产品。以前被认为不可想象的高端技术，现在已经成为日常生活中不可或缺的部分。

再过10年，我们可能会看到一个全新的电子世界，这是我们现在无法想象的。而半导体仍将是这一全新的电子世界的核心推动力量。

编者
2025年2月

目 录

第 **1** 章

什么是半导体

二极管和晶体管大家应该都很熟悉了，身边应该可以见到不同类型的二极管和晶体管。但是，大家应该没有解剖过二极管吧，如果打破真空管的玻璃，可以用手触摸真空管的电极，电子就是从这里发射出来的，然后穿过网格到达另一面的金属板上，这种实实在在的感觉让人感到兴奋。然而，对于晶体管，即使强行切开外壳，内部也是黑色的，即使清除这些黑色的树脂，也只能看到貌似一块块玻璃碎片，并从玻璃碎片中延伸出几根金属导线。

但是，如果问到晶体管是由什么制成的，大家会立刻回答半导体。然而，半导体到底是什么，想要准确地给它一个定义，也没那么简单。这是因为半导体涉及现代物理学、化学和电子工程学等广泛的领域，如图1.1所示，半导体犹如一头巨大的怪兽。要理解半导体，首先必须从物质本身开始研究。在某种意义上，原子的结构本身就与这个怪物的性质和功能有关。

图1.1　半导体犹如一头巨大的怪兽

1.1　▶　人类生活和物质

科学研究的目的是研究出对人类有用的东西，所以，我们研究的物质最终也是要进入人类社会生活的物质。因此，看看我们身边使用的物质，大致可以分为有机物和无机物。生物体、植物、食物等都是有机物，主要成分是碳（C）、氧（O）、氢（H）。这些物质可能首先出现在植物中，然后随着生命的起源而出现在地球上的各个角落。

无机物一般由金属元素、非金属元素，以及一些简单的离子或离子团组成，主要以氧化物的形式存在。自然界中，金属很少以单质形式存在。

到了如今的信息文明时代，半导体在我们的生活中无处不在。从电脑、手机、电视、汽车、家用电器到医疗设备，几乎所有现代电子设备都会使用半导体技术。半导体技术的发展已经成为现代社会发展的重要推动力。虽然半导体的机械性质很弱，但它的电学性质却非常突出，可以用于制造各种电子器件，如二极管、晶体管、太阳能电池等。因此，半导体材料，特别是硅（Si），已经成为现代电子工业的基础材料之一。

1.2 ▶ 从电学的角度来对物质进行分类

在对物质进行分类时，有许多不同的方法。如前所述，有机物和无机物是一种分类方式，还可以按固体、液体、气体等方式进行分类。如果将所有物质从电学角度来看，则可以将其分为导体（能够传导电流的物质）和绝缘体（不能传导电流的物质）。

导体和绝缘体可以被认为是两个极端，导体如金属（铜、铝、铁等），绝缘体如陶瓷、塑料等，实际生活中，这两者经常一起出现，例如，配电线和电气回路的布线将这些材料巧妙地组合在一起。然而，导体和绝缘体之间其实并没有明确的界限。

在物理学中，电阻表示对电流流动的阻碍作用的大小（准确地说是电阻率，也就是边长为 1cm 的立方体的电阻），从 $10^{-6}\Omega \cdot cm$ 低电阻率的金属到 $10^{-18}\Omega \cdot cm$ 高电阻率的绝缘体之间还分布着各种物质，没有准确的约定说明将电阻率小于 $10\Omega \cdot cm$ 的物质称为导体，对于绝缘体也是一样。

1.3 ▶ 半导体的定义

半导体是指电阻率介于导体电阻率和绝缘体电阻率之间的物质。图 1.2 所示为各种物质的电阻率范围，我们可以看到，将这些物质分为导体、绝缘体和半导体时，虽然它们的边界有些模糊，但是一般情况下，可以将电阻率为 $10^{-3}\sim 10^{10}\Omega \cdot cm$ 的物质称为半导体。

将电阻率为 $10^{-3}\sim 10^{10}\Omega \cdot cm$ 的物质定义为半导体，这是一种非常广义的定义。但是，电阻率在这个范围内的物质也不一定都是半导体。对于意义极其宽泛的半导体来说，这样定义也可以，但是我们接下来要考虑的是真正意义上的半导体。可以看出，只靠电阻率这一点是不行的，所以需要追加定义来补充说明。

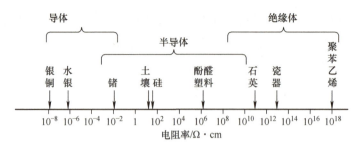

图 1.2 各种物质的电阻率范围

 ▶ 追加定义 1：

通常将电阻的温度系数为负的物质称为半导体。温度系数为负，意味着随着温度的上升，电阻就会下降。金属等的温度系数通常为正。

 ▶ 追加定义 2：

如果半导体中有微量的金属原子（称为杂质）或晶体中的缺陷会对电气特性（电阻）产生很大的影响，具有这种性质的物质被称为半导体。

▶ 追加定义 3：

能展现出光电效应、霍尔效应、整流作用等这些特殊现象的物质是半导体。

如果一个物质符合这些定义（原定义和追加定义，共 4 个）中的任何一个，那么它就可以被称为半导体。半导体的定义如图 1.3 所示。有些物质可能同时符合多个定义，而有些物质可能只符合其中一个定义。因此，我们需要综合考虑这些定义来确定一个物质是否为半导体。

硅（Si）和锗（Ge）都是单元素物质，完全具有半导体的特性，并且符合上述提到的定义。因此，它们通常可以被认为是半导体这类物质的代表。

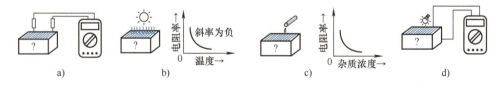

图 1.3 半导体的定义

a）电阻率的范围 b）温度系数为负 c）深受杂质浓度的影响 d）受到光和热的影响

1.4 ▶ 半导体为什么重要

　　半导体之所以如此受关注，是因为它们具有许多独特的电学和光学性质，这些性质使得它们在电子学、光电子学、能源等领域中具有广泛的应用。为什么半导体会显示出这么多有趣的性质呢？其根本性质又是什么呢？接下来我们慢慢解答这些问题。

　　半导体最重要的特征之一是半导体中存在两种类型的载流子，即电子和空穴，它们受到外部刺激的影响从而改变半导体的电学特性。而且不同类型的半导体相接触时，它们的结合处会形成一个 pn 结，这就好像是一个势垒，可以阻碍电子和空穴的移动。

　　换句话说，半导体的电阻会随着外部刺激敏感地改变，这些外部刺激可以是任何形式的，如电的、热的、光的、磁的、机械的等。这些外部刺激通过改变半导体内部粒子的势垒（准确地说，应该是载流子的势垒），从而实现对半导体电阻率的调节。

　　在真空管中，电子通过热能从阴极逸出，在真空中移动，完成各种工作。在半导体中，也可以实现类似的过程，导电粒子在固体物质中移动并进行工作。不过，由于在固体内部，导电粒子的运动不如在真空中自由（速度较慢且无法长距离移动），因此其工作效率会受到一定影响。这就像是跳入游泳池游泳（对应真空）与在游乐园的攀爬架中穿行（对应固体）之间的区别。从这个意义上说，真空管和晶体管可以说是非常相似的器件。

　　在这里，有一点不能忽视的是，真空管和晶体管更适合被称为"发现"而非"发明"。如果没有弗莱明和肖克利（见图 1.4），真空管和晶体管是否还会在这个世界上存在呢？答案是肯定的，如果将来发现有某个进化的生物居住的星球，那里的科学家们也很可能会发现与真空管和晶体管类似的东西。也就是说，这些器件是随着对物质性质深入研究而自然涌现出来的，即使没有这几位科学家，它们也会被其他人发现。

　　有一句名言说："自然始终是正确的"。即使设备出现故障，错误的原因

图 1.4　因参与发明晶体管而获得诺贝尔物理学奖的肖克利博士

总是人类，而自然从未出错。这种精神在研究半导体时尤其重要。当你心中有疑问时，认为"不应该是这样"，其实问题不在于材料本身，而在于你作为实验者。若在实验中出现一些奇怪的现象，而你对自己的实验方法充满信心，那么这就是一次新的发现。我们必须将这一现象视为事实，哪怕它无法用传统理论解释。至今，半导体领域偶尔仍会出现这种"难以理解的现象"，而这些现象常常是重要发现的源泉。因此，有人将半导体比作一种充满谜团的神秘事物。

半导体最初仅用于整流作用，但随后不断发展出新的元器件，使半导体在现代电子技术领域中几乎无所不能。它们能够处理从数皮安（pA）到数百安（A）的电流，以及从数毫伏（mV）到数千伏（kV）的电压，甚至涵盖从直流到数千兆赫兹（GHz）的频率，半导体已在各个领域得到广泛应用。另外，如追加定义 3 中提到的，半导体对自然界的光和热反应敏感，但它们同样对磁场、压力、辐射和气体等因素也有很好的反应。因此，半导体被广泛用作连接人类与自然界的传感器。

第1章　知识要点

1. 晶体管由半导体材料制成。
2. 半导体有 4 个主要的性质。
3. 半导体对外部刺激很敏感。

第1章　练习题

问题 1：硅和锗为什么不能以单一元素的形式直接存在呢？
问题 2：为什么硅的价格达到了 10 年前的 10 倍呢？
问题 3：25℃时测量某条线缆的电阻为 10Ω，达到 100℃时测量其电阻为 20Ω。这条线缆是半导体吗？

第 **2** 章

晶体的故事

2.1 ▶ 晶体是什么

我们在使用晶体管等半导体器件时，使用的几乎总是单晶材料。如果不是单晶材料，就无法呈现出良好的特性，虽然对这一点的解释会在后面进行，但这里我们先思考一下什么是晶体。

晶体（Crystal）是指按照自然界中某种确定的规律，原子或分子相互连接，形成特定形状的物质。这意味着晶体是由规则排列的原子或分子构成的。

通常，我们将长时间辛苦努力的作品或辛苦创造的财富称为"汗水的结晶"。这种文学表达中，"结晶"一词蕴含着"难以获得、珍贵的东西"的含义。

自然界中存在许多晶体，肉眼可见的大型晶体如钻石、水晶、各种矿石和冰块等，当然这些晶体中也会混杂着小晶体或其他物质。晶体的形成需要满足微妙的外部条件，如温度、压力和湿度等。人工晶体也是通过人工手段满足这些条件制造出来的。

物质的原子和分子本身具有一定的非对称性，也就是说，它们并不是完全的球形。换句话说，它们的形状略显扭曲，能够向外伸出几只"手"与其他原子或分子结合。实际上，这种结构是由附着在它们周围的电子等形成的。不过在这里，我们暂时可以将原子视为像骰子一样的方形颗粒。

首先，让我们看向图 2.1。图 2.1 所示为原子聚集形成物质，图中方形的颗粒代表原子。如果像图 2.1a 所示那样，将这些颗粒随意地装入一个大箱子里，那么颗粒就会杂乱无序地堆放在一起，这样的物质称为非晶质（Amorphous）。在自然界中，很多物质都是这种形态，金属通常也呈现这种形态。

接下来，我们可以尝试用外力轻轻敲打这个箱子。如果像堆米粒一样，将米粒压实，随着敲打，米粒的高度会逐渐降低。同样，如果用镐头敲打铺设在铁路轨道上的小石子，它们会变得更加紧密，被固定并变硬……无论是米粒还是小石子，所观察到的现象都是相似的。再仔细观察，如图 2.1b 所示，每个原子颗粒相互靠近，逐渐形成接近于晶体的排列，若只看其中的一部分，颗粒之间排列紧密，形成了"晶体"的样子，然而，从整个箱子的角度来看，这并不是一个单一的晶体，因此这种形态被称为多晶体（Poly-Crystal）。

看到这里大家应该已经明白了，图 2.1c 中所有颗粒都精心排列在一起的情况就是单晶体（Single-Crystal）。即使简单地考虑，$1cm^3$ 内就有数十亿个原子如此规则地排列，这种构造是难以想象的，因此认为自然界能生成这样的构造是几乎不可能的。所以，世界上并不存在完美的结晶。即使是使用人工形成的单晶体，也存在不完美的部分（称为不完全性，Imperfection），这种比例虽然很难精确表示，但通常不超过整体的 0.001%，所以也可以认为绝大多数原子还是非常整齐地排列着。

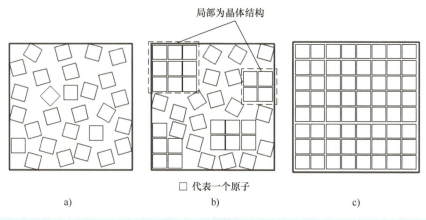

图 2.1　原子聚集形成物质

a）非晶质　b）多晶体　c）单晶体

2.2 ▶ 为什么使用晶体更好

因此，制作高质量的人工晶体需要付出巨大的努力，进行长时间的研究并投入大量的费用。那么，为什么要不惜辛苦地制造出晶体呢？原因在于晶体的电气性能更好。虽然在利用半导体特性的电阻和发光体中，也有使用非单晶体的例子，但这样的情况并非一般的情况。在更多高级的晶体管和二极管中，如果不是单晶体，就无法使用。

其中一个最主要的原因是电子在晶体内部更容易运动。单晶体中的电子运动如图 2.2 所示，假设电子在锗（Ge）中运动，当锗原子形成单晶体时，如图 2.3 所示，其原子就像游乐园中的攀爬架一样有规律地排列。

电子在其中几乎可以自由地移动。由于电子带有负电荷，如果施加一点正电压，它会被迅速吸引向正电压那个方向移动。

从外部看，锗的晶体像是金属的块状物，但仔细观察，图 2.2 的晶体中，原子与原子之间的间隙相对较宽，图中以直线段绘制的是用于结合的"手"（稍后会解释，这也是电子的一种）。然而，如果晶体质量较好，图 2.3 中这些"攀爬架"会排列得非常规律，电子可以在其中较长时间地移动而不发生碰撞。

但是，经过一段时间，电子会与原子或结合的"手"发生碰撞，因此会向各个方向飞跳，但在经过一段时间的徘徊后，又会被正电压吸引而迅速移动。

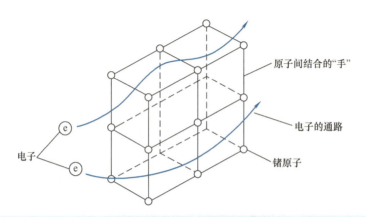

原子间结合的"手"

电子的通路

锗原子

电子

图 2.2　单晶体中的电子运动

如果锗的晶体结构不是非常好的话，电子就很难按预期移动。它们稍微移动一下，就会立即碰撞。毕竟从外面看，电子的移动速度显得十分缓慢。这种电子移动的速度被称为迁移率或移动度。在良好的晶体中，迁移率较大，而在迁移率较小的多晶体中，由于电子移动的速度过慢，以至于无法制造出良好特性的晶体管。

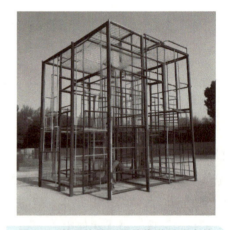

图 2.3　单晶体的原子就像游乐园中的攀爬架一样有规律地排列

从另一个角度考虑的话，每个原子都有自己固定的电位（可以视作电压）。这并不奇怪，就好比是人类也具有位置的能量（势能）和温度的能量。例如，站在三楼的人比站在二楼的人拥有更高的位置能量，这些能量是在通过楼梯或电梯上楼时所积累的，下降时就是利用这种位置能量，所以比上升时更轻松。

因此，当原子有序排列（如单晶体）时，可以认为处于任何地方的原子的电位都是相同的。可以类比为，即使在高山上，如果有一条同样高度、铺得很干净的道路，也便于通过；相反，即使在平地，杂草丛生的地方也难以通行。物质中电位所形成的"道路"如图 2.4 所示，非晶质或多晶体内的原子的电位高低不一，就像坑坑洼洼的路面，崎岖不平，电子移动的速度极其缓慢，导致电子的移动无法达到预想的效果。

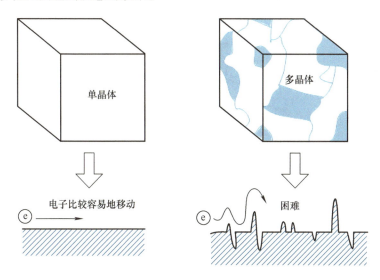

图 2.4　物质中电位所形成的"道路"

在半导体中，除了上述电子的运动外，还有另一种运动方式，这是指 p 型锗晶体中电子的运动（上面的解释实际上是针对 n 型锗晶体的），稍后会详细说明。但在 p 型锗晶体中，与带负电荷的电子非常相似，存在带有正电荷的粒子——空穴，它们也承担运送电流的作用。如果把电子注入 p 型半导体中，它将发挥非常重要的作用。但由于周围有很多正电荷包围，实际上电子在 p 型半导体中只能存在极短的时间。

当锗晶体状态良好时，其电子的寿命（称为寿命时间）大约为 1ms。虽然听起来很短，但从电子的角度来看，这已经算是较长的了。如果是质量不太好的多晶体，电子的寿命则只有大约 1μs，甚至在未发挥任何作用之前就会消失。换句话说，它们会与带正电荷的空穴结合而消失。

图 2.5 所示为晶体结构，展示了锗和硅的真实晶体状态（类似于钻石的正四面体结构）。这与游乐园中攀爬架的结构有些不同。

如上所述，从电气特性来看，电子迁移率（移动的容易程度，Mobility）和寿命时间（存活的时长，Lifetime）是非常重要的。对这些参数的具体描述在后面还会提到，但总体来说，这两者能反映出某种材料在电气方面的晶体质量优劣程度。

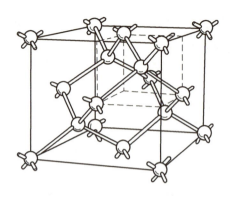

图 2.5　晶体结构（正四面体形状）

2.3 ▶ 如何区分晶体

现在假设有一种半导体材料，我们需要检查它是否为晶体，以及其晶体质量的好坏。最简单的方法是仔细观察一下，如果材料的外观均匀，并且呈现出某种规则形状或图案，那么这通常意味着它是晶体。

然而，通常仅仅通过肉眼观察是无法判断某种半导体材料是否为晶体。即使用显微镜观察，我们也无法看到原子，因此还不能确定内部的原子是否有规律地排列。

为了进一步确认，可以使用某些化学药品将材料表面稍微腐蚀，然后用 X 射线或电子束进行照射。当用药品腐蚀时，材料的结晶性质会导致其溶解的方式稍有差异，从而在表面形成图案，这种过程被称为刻蚀（Etching），然后可以用显微镜观察这些表面，或者通过光的反射来分析图像。

使用 X 射线或电子束时，由于其波长接近原子间距，这样就能观察晶体。图 2.6 显示了用特定化学药品腐蚀硅后形成的表面图案，图 2.7 则是用特定化学药品腐蚀锗后形成的表面图案，两者都是在显微镜下的观察结果，之所以形成这样的图案是因为原子排列整齐。此外，图 2.8 展示了用电子束照射表面后反射出的图案（劳厄群），如果是单晶体，会形成规则的光点，这是劳厄群的特征。

图 2.6　用特定化学药品腐蚀硅后形成的表面图案

图 2.7　用特定化学药品腐蚀锗后
　　　　形成的表面图案

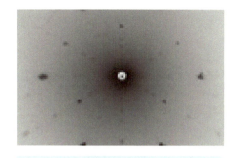

图 2.8　劳厄群

在确定材料为单晶体之后，为了进一步评估晶体质量的优劣程度，可以进行前面提到的电子迁移率和寿命时间的测量，通过这些测量可以更清晰地了解材料的性能。

2.4 ▶ 制造人工晶体

我们接下来将要探讨的半导体材料（如锗和硅）在自然界中并不是以单一元素的形式存在的，它们通常都是以化合物的形式存在，因此要将它们纯化并提取出来，需要付出相当大的努力。

随着研究的进展，人们逐渐发现如果不将半导体材料（如锗和硅）制成单晶体，其电气方面的性能会变得很差。因此，大约 30 年前，科学家们开始全力以赴地制造优质的单晶体，经过努力，现在已经可以不断生产出优质的单晶体。

我们之前提到，晶体的形成需要满足多种外部条件，而这些条件可以在人工炉中实现。此外，要形成晶体，还需要一个小的原始晶体作为种子，这一点与植物种子的概念完全相同。树木的成长与晶体的成长如图 2.9 所示，种下种子后施加外部条件，让它成长为大树，这与人工结晶的过程是相似的。

在这里，可能会引发一个问题："那么，这个种子晶体是怎么制造的呢"，这就像是"先有鸡还是先有蛋"的问题。事实上，种子晶体（晶种）最初是偶然形成的小晶体，经过逐步培养而成长起来的。

更准确地说，单晶体的生长就像堆叠砖块，如图 2.10 所示，原子像砖块一样被缓慢地堆叠上去。也就是说，我们需要在晶种的基础上，让原子找到各自应去的位置，然后创建一个能够让它们"稳固下来"的环境。因此，形成晶体的速度最好是缓慢的，通常以每分钟约 1mm 的速度进行晶体生长。

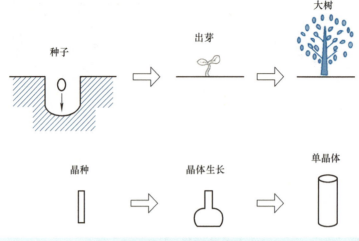

图 2.9　树木的成长与晶体的成长

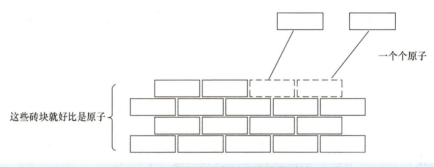

图 2.10　单晶体的生长就像堆叠砖块

具体来说，有多种方法可以实现这一过程，但最常用的方法为图 2.11 所示的提拉法生长单晶体。首先，将硅或锗的粉末，或者多晶体，在高炉中加热并熔化。说起来简单，其实熔化过程并不简单。因为锗需要在 940℃ 的温度下熔化，而硅则需要达到 1400℃。因此，必须使用能够承受这些高温的炉子。此外，这个炉子必须绝对纯净，以免其他杂质进入晶体中，影响晶体的质量。

此外，如果炉内有任何氧气入侵，晶体会迅速被氧化。因此，整个炉子必须保持在真空状态，或者通入纯净的氩气、氢气等惰性气体。图 2.12 所展示的是多晶体的硅（多晶硅）。

在熔化的锗或硅中，慢慢放入细小的晶种。然而，如果炉子的温度过高，珍贵的种子晶体会全部熔化，导致失败；而如果温度过低，熔化物会一次性全部凝固，同样会导致失败。必须将温度保持在适当的范围，偏差不超过 ±1℃，这种温度调节的精确性是非常关键的。

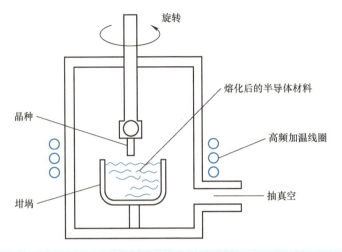

图 2.11 提拉法生长单晶体

旋转

晶种

坩埚

熔化后的半导体材料

高频加温线圈

抽真空

为了制造这样的晶体，发展出了精密的温度控制技术。以 1000℃ 的温度为例，要求达到 1% 的精度，即 10℃。然而在这一过程中，实际需要的精度要达到 0.1% 甚至更高的精度要求。我们日常生活中的设备，如冰箱或电热毯，通常控制精度在 10%，有时会达到 20%～30%。作为人类，我们的体温自我调节

图 2.12 多晶硅

机制在 36.5～37℃，当超过 37.5℃ 时就会感到异常，因此人体内置了约 ±0.5℃ 或约 1.3% 的调节装置。

当熔化物达到适当的温度时，它会逐渐凝固。由于熔化物附着在晶种上，一旦凝固，就自然形成单晶体。这被称为提拉法（Pulling Method）或丘克拉斯基法（CZ 法——CZ 为发明者的名字首字母），是目前最普遍的制造方法，通过这种方法能够获得良好特性的晶体。图 2.13 展示了单晶硅及切割后的硅晶圆。

在这里，我们说明一下今后经常出

图 2.13 单晶硅及切割后的硅晶圆

现的锗晶体和硅晶体的物理方面的特征。简单来说，这两种材料看起来像是玻

璃和铁的结合体，它们的颜色呈黑灰色（硅的颜色略带紫色），从外观上看像金属，但如果摔落，会碎裂。它们的物理和化学性质大致介于金属和绝缘材料（如玻璃和塑料）之间。

曾经它们的价格比黄金还贵，不过现在由于实现了工业化生产，价格已经大幅降低。具体价格会根据晶体的质量有所不同。但从一片晶圆中，可以生产出成千上万个晶体管或集成电路（IC）。所以，虽然晶圆价格昂贵，但分摊到每个晶体管的成本就相对便宜。

第2章　**知识要点**

1. 晶体是由整齐排列的原子组成的。
2. 在晶体内部，电子易于移动。
3. 通过晶种能生长出高品质的晶体。

第2章　**练习题**

问题1：如果熔化的结晶再次凝固，会变成单晶体吗？
问题2：电子为什么不往下掉？
问题3：晶体的提拉法中为什么使用氩气？

第 **3** 章

原子的故事

在第2章中我们介绍了晶体，接下来让我们来研究形成晶体的最小粒子——原子。

很多人认为，为了了解半导体而学习原子是一件很麻烦的事情。的确如此，但在不了解原子的情况下谈论半导体，就像在不了解汽车结构的情况下开车一样，车子确实可以开得很好，但一旦发生故障就麻烦了，偶尔也打开汽车的发动机盖看看吧。

关于原子的学科，被称为原子物理学，这是一个非常广泛且深奥的学科。在这里，我们只是简单地介绍下基础知识。

3.1 ▶ 电子高速公路

请看图 3.1，这是高速公路的立体交叉口，在这里，汽车可以以 100km/h 以上的速度行驶。

从高空俯瞰，可以看到汽车像小颗粒一样，沿着规定的道路非常有规律地移动。如果从汽车的角度，汽车似乎可以在一定的范围内随意移动。把此情况类比到原子中，就是电子围绕原子运动，这和汽车被限制在道路上运动的状态非常相似。

图 3.1　高速公路的立体交叉口

在微观电子世界里，这条道路被称为"轨道"。通常在原子的中心有一个被称为原子核的、带正电荷的粒子。图 3.2 展示了最简单的原子——氢（H）原子的模型，只有一个电子在它周围的轨道上运行。

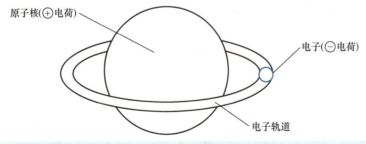

原子核(⊕电荷)

电子(⊖电荷)

电子轨道

图 3.2　氢原子的模型（只有 1 个电子）

微观层面上，任何物质都是由原子核和电子构成的。不过，不同的物质，电子的数量却不同。仔细想来这是个很神奇的事情。仅仅是电子数量的不同，就可以形成氢、氧、铁、锗、铀等元素。但是即使如此，直观上还是不好理解的。此处，我们把原子内所包含的电子的数量称为原子序数。这样，氢的原子序数是 1，依次为氦（2）、锂（3）、……、硅（14）、锗（32）……。

通过这些原子序数我们可以了解到，硅有 14 个电子、锗有 32 个电子。不过，正如后面会提到的，这些电子有时会离开，之后又会回来，然而，原子核内部的带 ⊕ 电荷粒子的数量不会发生变化。更准确地说，每个轨道内部也可能细分为 2 个或 3 个部分，但在这里我们先不考虑轨道存在细分的情况。

接下来，我们来研究一下硅。在图 3.2 的电子轨道上排列 14 个电子，14 个电子都存在于第 1 轨道上造成无法顺畅地移动如图 3.3 所示。这样一来，就像高峰时段的交通状况一样，会导致拥堵。那么，电子要怎样才能更顺畅地移动呢？

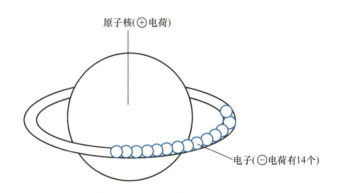

原子核(⊕电荷)

电子(⊖电荷有14个)

图 3.3　14 个电子都存在于第 1 轨道上造成无法顺畅地移动

是的，道路太窄了，我们应该扩宽道路，增加车道。于是，我们就可以建设第 2 条车道、第 3 条车道，也就是第 2 轨道、第 3 轨道，依此类推。在实际的原子中，已知轨道有到第 7 条的存在。而且每条轨道中能够容纳的电子数量是固定的，第 1 轨道可以容纳 2 个、第二轨道可以容纳 8 个、第三轨道可以容纳 18 个、第四轨道可以容纳 32 个，依此增加。因此，现在以硅的 14 个电子为例，硅的轨道中电子的分配如图 3.4 所示，第 1 轨道和第 2 轨道均已满员，剩下的 4 个电子则进入了第 3 轨道。

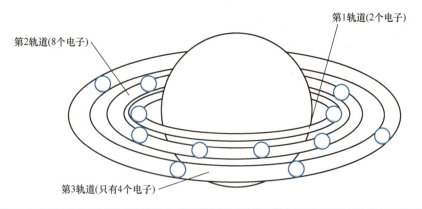

第2轨道(8个电子)

第1轨道(2个电子)

第3轨道(只有4个电子)

图 3.4　硅的轨道中电子的分配

3.2 ▶ 量子力学的奥秘

经过上面的讲解，让我们感觉仿佛真的进入了原子内部来观察一切，可能会让很多人觉得难以置信。电子难道不可以在任何地方存在吗？轨道到底是由什么构成的呢？种种疑问接踵而至，回答这些疑问的就是量子力学这一学科。如果没有量子力学，我们将很难了解原子世界的运作原理。

电子只是存在于轨道上，不能出现在其他任何地方，这是量子力学中一条重要的规律。

例如，米和糖是按克（g）或千克（kg）来购买的，而苹果和鸡蛋通常是按个数来购买的。我们并不会说买一个半的鸡蛋，因此在购买鸡蛋时，只有 1个、2个这样的整数个数，没有中间的数量，这其实就是一种"量子化"的表现。相似地，电子的轨道（这与电子所拥有的能量相对应）是离散的而非连续的，这也是接下来要讨论的半导体特性产生的根本原因。

在处理微小电子时，需要注意的是，电子可以被视为粒子，也可以被视为一种波。此外，电子环绕原子核旋转并不是完全准确的说法，也许更恰当的描述是，它们像云一样存在于原子核的外围。然而，人们总是习惯用某种具体的模型来思考事物，因此我们会考虑如图 3.4 中的模型，这样一来，就不会有太大的偏差。

3.3 ▶ 原子和繁星

电子在原子内部运动，由于太小，所以直观上很难理解。但在同样的自然界中，也有相对容易理解的，那就是夜空中闪耀的星星。以我们所在的太阳系为例，地球和火星就像电子，它们总是在各自的轨道上以同样的速度绕着作为原子核的太阳旋转，如果把地球看成原子核，那么月球和人造卫星也可以看成电子（见图 3.5）。

图 3.5　人造卫星就好似围绕地球旋转的电子

相比人类的体积，极小的原子和极大的地球在运动方式上有相似之处，这让我们深刻感受到自然界的奇妙之处。或许在宇宙中，有一种生物将地球视为一个电子，把银河系当作一个细胞。

3.4 ▶ 原子的结合之手

让我们再一次考虑氢。如图 3.2 所示，氢周围有一个可供两个电子运行的轨道，但氢原子中就只有一个电子，所以它可以再容纳一个电子。因此，像总是挂着"有房出租"招牌的空房子一样（见图 3.6）。

图 3.6　氢原子一直都处在"有房出租"的状态

如果再有一个电子进入，它就变成了氦原子（He），此时它与其他物质的结合能力就会变得非常弱。所以，氦是惰性的、非易燃气体。因此，氢原子总是渴望再得到一个电子，试图捕捉其他电子。换句话说，它具有与其他物质结合的性质，为了表示这种性质，可以想象氢原子伸出了一只结合用的手，如图 3.7 所示。可以把它想象成章鱼的脚或者海葵的触手。这只手表示电子的数量。由于氢原子只有一个电子，所以它用来结合的手只有一只（见图 3.7）。

那么，当有许多氢原子时，会发生什么呢？由于彼此都渴望对方，因此两个氢原子会立即结合，如图 3.8 所示。因此，实际存在的氢是两个氢原子结合成 H_2，我们称之为氢分子。这种结合方式称为共价键。

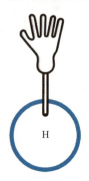

图 3.7　氢结合用的手只有一只

图 3.8　两个 H 原子结合成氢分子

让我们将这种思考方式也应用于硅。硅具有 4 只结合的手如图 3.9 所示。硅的第 1 轨道和第 2 轨道已经满员。因此，原子序数为 10 的原子，一种叫作氖（Ne）的气体，就很难与其他物质结合，所以第 1 和第 2 轨道的存在与否，实际上对结合性质影响不大。

硅的第 3 轨道需要 18 个电子才能满员，但实际上只有 4 个电子。因此，它还能与其他物质充分结合。而且在这种情况下，它相当于有 4 只结合的手。相比之下，它比氢更像章鱼（见图 3.9）。

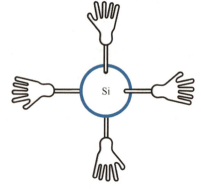

图 3.9　硅具有 4 只结合的手

这种结合的手的数量被称为价。也就是说，硅是 4 价，氢是 1 价。所以如果硅和氢结合，就会形成化合物硅烷，即 SiH_4，这一点也就不难理解了。另外，有 4 只结合的手的元素被称为ⅣA 族元素。ⅣA 族元素除了硅以外，还有锗、锡、碳等，这些元素都非常有可能具有半导体性质。再来考虑一种叫作砷化镓（GaAs）的化合物，GaAs 化合物半导体如图 3.10 所示，镓是 3 价原子（有 3 个用于结合的电子），砷是 5 价原子，这两者结合时，图 3.10 中虚线标注的一组中包含了 8 只手，因此类似于有两个 4 价原子，也可以推断出具有半导体性质，这被称为Ⅲ - Ⅴ族化合物半导体。同理，硫化镉（CdS）是Ⅱ - Ⅵ族化合物，表现出弱半导体性质。相比之下，硅和锗是仅由一种元素构成的，因此也被称为元素半导体。

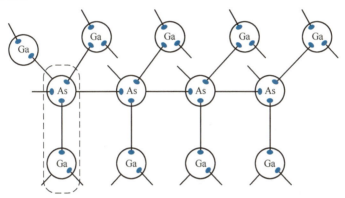

图 3.10　GaAs 化合物半导体（2 个原子的结合共同拥有 8 个电子）

3.5 ▶ 当有很多原子存在的时候

　　到目前为止，我们考虑的是原子单独存在的情况。然而，在实际的晶体中，原子的密度可以达到每立方厘米 10^{22} 个，这个数量级是难以想象的。这到底是什么概念呢？相当于将整个地球一样的体积中装满黄豆时所需要的黄豆数量。

　　当原子密集到这个程度，就像上下班高峰时段的地铁一样被挤得满满的。如果是人被挤在这样的空间中，将无法移动。但是在微观世界中，原子的情况却有些不同。电子的轨道变得更宽广，电子也变得更容易移动。特别是在极端情况下，轨道会与外层的轨道连接在一起，形成新的轨道（通道）。原子聚集在一起会形成电子轨道（通道），如图 3.11 所示，在外层轨道本来没有电子存在的情况下，电子就能够非常顺畅地移动，几乎可以在原子中的任何位置，也就是说，能够在物质内部的任何地方自由地移动。这种状态下的电子被称为自由电子，许多金属就是处于这种状态。

需要注意的是，这些自由电子都是之前提到的最外层轨道上的价电子，而内层轨道上的电子依然保持不动。也就是说，电子只能在轨道外部运动，不能进入内部。那么，在被称为绝缘体的物质中，情况是怎样的呢？尽管原子聚集在一起，扩展了轨道的宽度，但它们并没有与外层轨道连接，因此，自由电子不会产生。半导体中的内层电子被紧紧束缚在原子核周围，其能量较低，处于相对稳定的状态，这些内层电子的轨道与外层轨道在空间和能量上是有区别的，它们之间存在一定的能量间隙，所以可以说内层电子轨道没有直接接触到外层轨道。半导体中电子轨道的这种分布和电子的行为特性，决定了半导体具有独特的电学性质，使其在电子器件等领域有着广泛的应用。

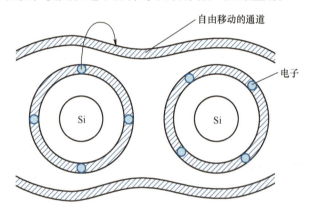

图 3.11 原子聚集在一起会形成电子轨道（通道）

第 3 章 知识要点

1. 电子在确定的轨道上运动。
2. 微观原子和宏观太阳系非常相似。
3. 硅和锗具有 4 只结合手。

第 3 章 练习题

问题 1：铜的原子序数是 29，那么电子的数目是多少？
问题 2：为什么氖气不会燃烧？
问题 3：在绝缘体中是否存在自由电子？

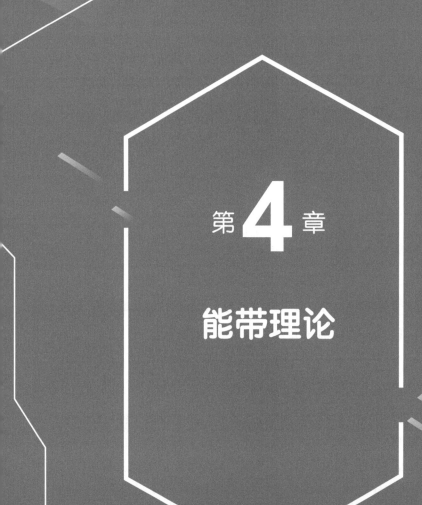

第 **4** 章

能带理论

在第 3 章中，我们讨论了围绕半导体原子运动的电子。让我们回顾一下要点。

1）最外层轨道上的 4 个电子是与其他原子结合的手，因此半导体原子的结合手就像图 3.9 所示的硅一样，有 4 只。

2）如图 4.1 所示，当原子大量聚集时，存在电子的轨道和不存在电子的外层轨道会连接起来，电子有时会飞出外层轨道，在晶体中自由地"旅行"。

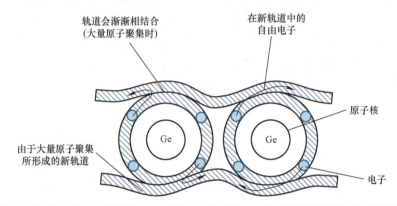

图 4.1　当原子大量聚集时，存在电子的轨道和不存在电子的外层轨道会连接起来

在本章中，我们将从另一个角度来观察和思考这种状态。

4.1 ▶ 原子的结合

图 4.2 所示为两个锗（Ge）原子的连接方式。如果将两个伸出结合手的原子（Ge）连接起来，手与手会立即相互结合，如图 4.2a 所示。由于一一画出来比较麻烦，所以可以像图 4.2b 那样画。其实，就像我们前面提及的那样，这个电子的手是和别的电子组成一组的状态，所以此时画作图 4.2c 那样会更接近。

从这里可以看出，两个原子通过电子相互连接，这种结合称为共价键。就像附近的住宅区，几户人家共同使用楼梯一样。那么，不仅仅是两个原子，如果聚集更多的原子会怎样呢？很容易理解，原子像棋盘一样排列，每只结合手与相邻的结合手连接起来，这样形成的结构如图 4.3 所示，图中使用的是锗原子，但硅原子和化合物半导体的原理完全相同。

但是仔细观察图 4.3，如果只用 4 只手来构建立体结构，那么这些手必须像图 4.4 那样，指向正四面体的顶点方向，就像将 4 个正三角形拼接在一起一样。

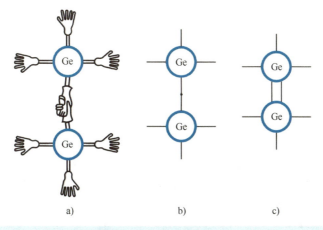

a) b) c)

图 4.2　两个锗原子的连接方式（共价键结合）

a）两个锗原子的直接连接方式（共价键结合）　b）简化表示的两个锗原子连接方式
c）更接近实际情况的两个锗原子连接方式

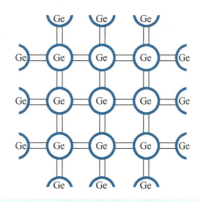

图 4.3　聚集更多的锗原子时的样子

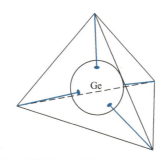

图 4.4　结合的立体结构（正四面体）

在波涛汹涌的海岸上，你会看到许多四足混凝土块，称为"消波块"。即使波浪来袭，这些消波块也能紧密咬合，不会被冲走（见图 4.5）。在半导体的情况中，图 4.4 中的正四面体原子也会规则地、牢固地结合，形成晶体。不过，由于绘制大量立体原子非常困难，接下来我们将绘制如图 4.3 所示的平面图。这种方法在概念上是没有问题的。

图 4.5 抵抗波浪侵袭的消波块，原子也以类似的方式规则且牢固地结合在一起

4.2 ▶ 能带的组成

从现在开始，为了理解半导体的各种性质，必须首先理解能带理论。因为直观的模型很难理解，所以我们将慢慢分析。

让我们再看一次图 4.1，在这里，锗（Ge）和硅（Si）的外层电子通常在圆形轨道上运行，但如果施加某种外界干扰（能量），它们可以跳到另一条外层的自由轨道上。这种外界的干扰可以通过提高温度、照射光线或施加电压等多种方法来实现。

顺便说一下，从电子的角度来看，要想跳到外层轨道，需要一些能量。因此，这条外层轨道（通道）应该比它们通常运行的轨道更高。图 4.6 所示为电子轨道模型和所需能量。为了更容易理解这一点，让我们考虑图 4.6 中的硅原子及其轨道的截面。通常，电子只在较低的轨道上运行，但如果有一个坡道，它们可以跳到更高的轨道上，并在上面的轨道顺利运行。

市区高速公路正是这样的例子。由于地面上交通拥堵，高速公路建在更高的地方，因此需要某种方法将车辆抬升上去。当然，有时还需要支付通行费，这也是一种能量，如图 4.7 所示。

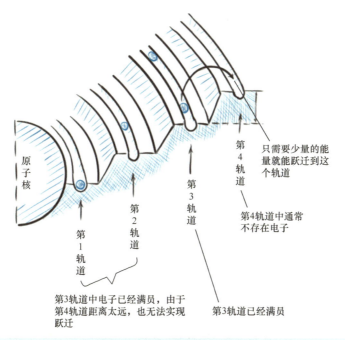

第
4
轨
道

只需要少量的能量就能跃迁到这个轨道

第4轨道中通常不存在电子

第
3
轨
道

原
子
核

第
1
轨
道

第
2
轨
道

第3轨道中电子已经满员，由于第4轨道距离太远，也无法实现跃迁

第3轨道已经满员

图 4.6　电子轨道模型和所需能量

图 4.7　市区高速公路都建在高处

　　接下来，当大量的原子聚集形成晶体时，情况会有所不同。由于电子和原子的数量在邻近区域大幅增加，电子轨道的形状会发生变化。这是因为电子之间也会相互影响、相互施加力。这时，轨道数量就会增加，并且像楼梯一样一点一点变高。形成晶体时的轨道，宽度和高度也会发生变化，如图 4.8 所示。也就是说，即使在同一条轨道上，由于高度不同，这就使聚集起来的轨道具有

一定的宽度，通常把这个宽度称为能带。

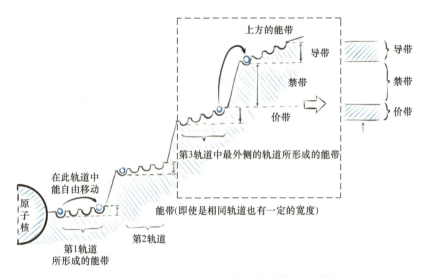

图 4.8　形成晶体时的轨道，宽度和高度也会发生变化

在图 4.8 中，我们画出了由 4 条通道组成的轨道，但实际上，这个数目要多得多，几乎与晶体中的电子数目（10 的几十次方）一样多。因此，为了简化图 4.8，我们省略了原子核，并用一条线表示通道，如图 4.9a 所示，在这种情况下，横轴不再有太大的意义。此外，绘制每条线都非常困难，因此我们只绘制其宽度，如图 4.9b 所示。每个能带都有一个名称，最上面的是导带（Conduction Band），最下面的是价带（Valence Band）。没有能带的区域，即相当于坡道的部分，也被视为一种能带，称为禁带（Forbidden Band）。也就是说，电子不能存在于此区域。

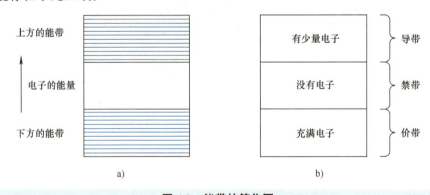

图 4.9　能带的简化图

a）能带结构示意图　b）电子填充情况示意图

那么，这样的能带图表示什么呢？图 4.9b 中的纵轴表示轨道的上下，即能量。在图 4.9b 中，越靠上的电子拥有的能量越大，越靠下的电子能量越小。换句话说，越靠上的电子越活跃、越有活力。横轴表示晶体中的长度，但在均匀的晶体中，这并没有太大的意义，因此长度可以随意绘制。

4.3 ▶ 各能带的作用

图 4.9b 中的能带图在各种半导体图书中可能都会出现，并且在研究和调查半导体器件（如晶体管）时也总是需要引用这张图。能带图是引导我们理解复杂原子世界的重要手段，也是进入原子内部的秘密通道。接下来，让我们研究能带图中各个能带的作用。

最下层的价带相当于原子最外层的电子轨道，每个原子有 8 个电子通道（见图 4.9a 中的线条数）。虽然每个原子有 4 个电子，但由于晶体中的共价键，所有通道都被电子填满（在这种情况下，可以将通道视为座位，就像剧院的座位满员一样）。

虽然价带中充满了电子，但这些电子无法在晶体中自由移动。这就像早晨的地铁一样，乘客太多会导致站立时无法动弹，然而，如果有一个乘客下车，其他乘客就可以依次移动。这种情况在半导体中也会发生，稍后我们会进一步解释。

由于禁带中没有电子可以停留的位置，电子无法在此停留，这并不是说禁带就没什么用。正如稍后将讨论的，各种能级（水平）都在这个禁带中形成，并且起着重要作用。此外，禁带的宽度 [以电子伏特（eV）为单位表示] 因半导体材料而异，对于决定材料的性质非常重要。

最上层的导带是电子可以再次进入的能带。与价带不同的是，导带中有很多通道（座位），但几乎没有电子，就像空荡荡的高速公路。如果设法将电子引入导带，这些电子就可以在晶体中自由移动。因此，这个能带被称为导带，因为它负责导电。进入导带的电子被称为自由电子。

4.4 ▶ 热能驱动电子

那么，如果导带中完全没有电子，晶体中就没有可以移动的电子，电流也不会流动，这就是绝缘体的特性。那么半导体是怎样的情况呢？实际上，有少量电子从价带跃迁到导带，这是因为电子获得了热能。

我们生活的环境温度与最低温度（绝对零度）相比，保持在相当高的温度（约 300K 的绝对温度）。而且，人类通常只能在 –10 ~ 40℃的温度下生存，因此既敏感又脆弱。

例如，当晶体被置于 25℃时，它会被"加热"到该温度。这意味着电子也会获得热能，如图 4.10 所示，价带中的电子会跃迁到导带。这种跃迁方式并不是所有电子都一样，有些电子跃迁得高，有些电子跃迁得低。这就像人类社会中有体力强的人和体力弱的人一样。对于电子来说，它们遵循一种被称为玻尔兹曼分布的数学公式。

因此，如果价带中有 10 个电子（见图 4.10），其中只有 1 个电子跃迁了 1eV。如果禁带的宽度为 1eV，那么只有这个电子能够到达导带，从而有助于电流的流动。

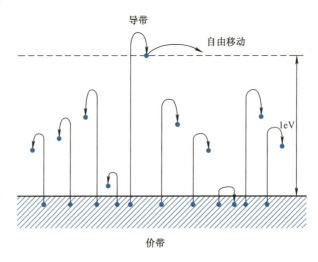

图 4.10 赋予热能时，电子就会发生跃迁

室温下的热能约为 0.03eV，也就是说，电子平均跃迁 0.03eV。因此，如果半导体的禁带宽度（也称为能隙 E_g）为 1.2eV（如硅的例子），那么能够跃迁到导带的电子将非常少。相反，如果能隙为 0.02eV，那么在室温下，所有电子都会跃迁到导带，电阻将接近于零。

4.5 ▶ 根据禁带宽度对物质进行分类

通过以上的讨论，你可能已经注意到，能隙（即禁带宽度）决定了材料是半导体、绝缘体还是导体。图 4.11 所示为不同材料的能带结构和导电性。

图 4.11a 表示半导体，具有适中的禁带宽度；然而，如果这个宽度过大，就会变成图 4.11b 所示的绝缘体，完全不导电；而能隙为 0.01eV 或更小，甚至为 0eV（即上、下能带重合）的材料则是导体（如金属），如图 4.11c 所示。在这种情况下，电子可以随时从价带流入导带，因此电流流动良好，电阻接近于零。

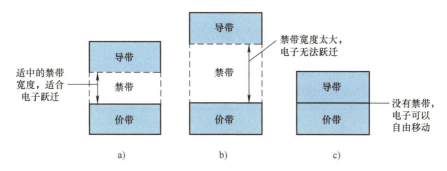

图 4.11　不同材料的能带结构和导电性

a）半导体　b）绝缘体　c）金属

表 4.1 中列举了各种半导体的能隙大小。在这里，能隙小的物体在相同热能的情况下，会有很多电子跃迁到导带，因此电阻会变小，而能隙大的物体（如 ZnS、CdS、GaP 等），电阻就大。但是，除此之外，半导体还有其他各种各样的性质，所以单纯依靠能隙很难判断优劣。

表 4.1　各种半导体的能隙大小　　　　（单位：eV）

Ge	0.78
Si	1.21
ZnSb	0.56
AlSb	1.60
GaP	2.40
GaAs	1.45
InSb	0.23
ZnS	3.70
钻石（C）	5.33

1. 锗和硅是共价键结合。
2. 轨道扩展形成能带。
3. 半导体由 3 种能带组成。

第4章 练习题

问题 1：价带里的电子能工作吗？

问题 2：能隙为 0.01eV 的物质在室温下能作为半导体工作吗？

问题 3：物质在室温下携带的能量是什么能量呢？

第**5**章

空穴的故事

在第 4 章中，我们讨论了能带是如何形成的。然而，可能还有许多人不太清楚。不过，不必担心。关于能带，我们打算尽可能多地从各种角度进行说明，正所谓"读书百遍，其义自见"。现在，让我们了解一下在半导体中起重要作用的空穴（Hole）。

5.1 ▶ 空穴的定义

"Hole"是指"洞"。对于棒球迷来说，可能会想到"打者在洞中"（Batter in the hole）；对于高尔夫球迷来说，可能会想到"一杆进洞"（Hole in one）等。

在半导体中，空穴指的也是一个"洞"，可以说是电子离开的洞。首先，让我们看看图 5.1 所示的硅结晶的结合，这是之前提到的硅的 4 个键。键实际上是电子，这些键结合在一起形成了图 5.1 中的硅晶体。由于温度远高于绝对零度（300K），热能被传递给晶体，偶尔会有电子跳出（在能带模型中跃迁到导带），在晶体中自由移动。

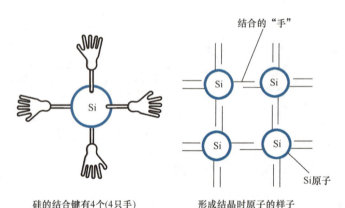

硅的结合键有4个(4只手)   形成结晶时原子的样子

图 5.1　硅结晶的结合

那么，让我们进一步研究电子如何从构成晶体的原子（如硅）的束缚中逃脱。电子的负电荷与正电荷刚好抵消，如图 5.2 所示。首先，取出一个硅原子，总共有 14 个电子。然而，最外层轨道上有 4 个电子，这些电子形成共价键。

众所周知，电子带有负电荷⊖。

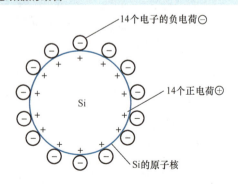

图 5.2　电子的负电荷⊖与正电荷 ⊕ 刚好抵消

实际上，是因为电子的电性被定义为负电荷。图 5.2 中，整个原子中的电子数量与正电荷数量平衡。每个电子的电荷量非常小，仅为 1.6×10^{-19}C。然而，自然界的巧妙之处在于，一个 Si 原子中的 14 个电子的负电荷 $\ominus$ 正好被 14 个正电荷 $\oplus$ 抵消，这些正电荷位于原子核内部。因此，从外部看，电荷相互抵消，电性为零，即中性状态。

尽管所有物质内部都含有大量电荷，但从外部看，它们在电气上完全中性。只有在受到特定扰动时，这种平衡才会被打破，这个过程称为"电离"。

不过，在这里你可能会有疑问，硅的 4 个结合键是电子，那么这不相当于多出 4 个电子（或者也可以认为多出 4 个负电荷 $\ominus$）吗？

这是个好问题。答案是，4 个电子确实对结合的化学活性很强，试图捕捉其他 4 个电子，但它们并不是单独捕捉电子，而是与其他原子的电子结合。因此，原子之间共享电子，整体上仍然是中性的。

那么，让我们对这个中性的硅施加一些外部能量刺激。例如，将整个晶体稍微加热，这样，少量电子会断开键并飞出，成为自由电子。

那么，剩下来的原子会怎样呢？电子离开后会留下一个洞，这就是空穴。当然，这不是一个真正的洞，而是一个缺失电子的电洞。也就是说，"电子（负电荷 $\ominus$）从中性位置上离开后，剩下的部分带正电荷 $\oplus$"。硅晶体中的空穴与电子如图 5.3 所示，原本中性的原子上出现了一个正电荷 $\oplus$。这个空洞也可以被认为是一个带电的粒子，被称为"空穴"。

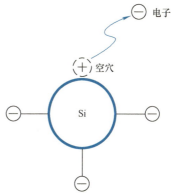

图 5.3　硅晶体中的空穴与电子

确实有点奇怪，因为空穴本身并没有实质性的东西，只是一个空洞。然而，为什么空穴会像正电荷的电子一样起作用呢？

请看图 5.4 所示的水平仪中气泡与空穴的类比，这是一个水平仪，玻璃管中装有水，并有少量空气。当玻璃管倾斜时，气泡会向上移

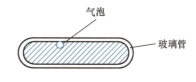

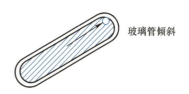

图 5.4　水平仪中气泡与空穴的类比

动，这就是空穴的概念。你理解空穴的概念了吗？让我们继续讨论。

5.2 ▶ 空穴的移动方式

如图 5.4 所示，空穴通常与电子的实际运动方向相反，气泡在地球重力的作用下上升，在电力作用下也是如此。那么，让我们思考一下，如图 5.3 所示，电子离开后，剩下的正电荷 ⊕ 是如何移动的。

图 5.5 所示为空穴的移动方式，再次展示了晶体结构，图中的 A 点有一个电子离开后留下的电荷空位。接着，紧邻的 B 点的电子会迅速填补这个空位。于是，B 点现在带有正电荷。接下来，C 点、D 点的电子依次移动，空位（即空穴）就会按照 A-B-C-D 的路径移动。

你可能会觉得奇怪，为什么成为自由电子很困难，但从邻近位置移动却如此简单。电子即使能量低，也能因为附近有强大的引力而容易移动。

因此，空穴可以在晶体中自由移动。就像自由电子一样，我们称之为自由空穴，并且可以将其视为带正电的粒子。然而，空穴的移动速度比电子稍慢，也就是说空穴的迁移率比电子要小。如果自由电子和自由空穴在某处相遇，它们会迅速结合并中和。

再举一个空穴的类比。空位向后移动如图 5.6 所示，许多人排队时，如果中途有一个人离开，就会出现一个空位。然后，其他人依次向前移动，但空位会向后移动。而且，这种移动速度总是比人的移动速度慢。

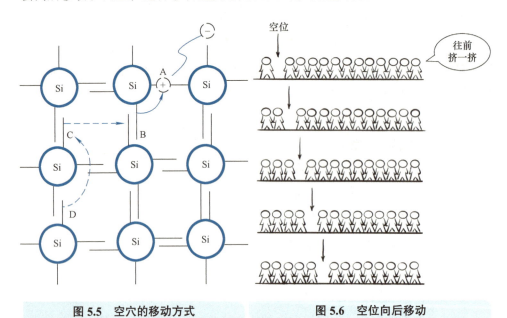

图 5.5　空穴的移动方式
（按照 A-B-C-D 的路径移动）

图 5.6　空位向后移动

那么，从现在开始，我们不需要再考虑这些复杂的细节，可以自由地使用电子和空穴这两种粒子（载流子），也可以根据需要将它们导入晶体中或取出来。

你觉得怎么样？通过之前的讨论，我想你已经对半导体有了朦胧的了解吧。与金属中总是充满电子和绝缘体中无论如何都无法引入电子相比，半导体在适当的热能或电能范围内，可以自由使用两种类型的载流子。

5.3 ▶ 能带中的空穴

现在，让我们思考一下前一章提到的能带，空穴是如何存在于能带中的呢？可以移动的自由电子会跃迁到最上面的导带，而不能移动的电子则停留在下方的价带。空穴由于其能量特性，附着在原子上，因此与价带中的电子相同，存在于价带中。图 5.7 所示为电子跃迁到导带后留下空穴。

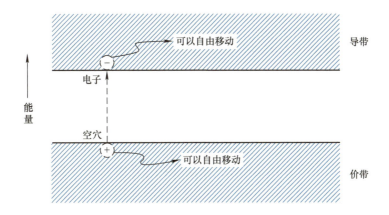

图 5.7　电子跃迁到导带后留下空穴

如图 5.7 所示，当电子获得能量时，它会跃迁到更高的能级，但空穴的运动方向总是相反的，因此它会向上浮动。然而，由于空穴只能存在于价带中，因此，当电子从价带跃迁到导带，留下空穴，这两者都可以分别在导带和价带中自由移动。

在本书的开头，我们就提到半导体的电阻会随着温度的升高而降低。现在，从图 5.7 来看，随着温度的升高，原子周围的电子会获得热能，其中一些电子会从价带跃迁到导带，留下空穴。也就是说，能够传导电流的粒子（也可以说是载流子）的数量增加了。随着这些粒子的增加，电阻自然减小。也就是，

$$电阻\ R \propto \frac{1}{电子数+空穴数}$$

由于有这样的关系存在，温度增加的话，R 就会减小。

对于特定的某种物质来说，电子数和空穴数的乘积是固定的（这里省略了为什么是乘积而不是和）。对于硅来说，在室温（25℃）下，这个乘积是 $2.5 \times 10^{18}/cm^3$。如果电子数和空穴数相等（不相等的情况稍后会提到），那么电子数和空穴数都是 $5 \times 10^6/cm^3$。也就是说，在体积为 $1cm^3$ 的硅中，虽然有 10^{22} 个硅原子，但在室温下能释放出的电子只有 10^6 个，所占的比例非常小。然而，当温度升高到 200℃ 左右时，几乎所有的电子都变为自由电子。

5.4 ▶ 有杂质会怎么样

到目前为止，我们假设所有讨论的半导体都是非常纯净的，这种半导体被称为本征半导体（Intrinsic Semiconductor），其特点是电子数和空穴数总是相等的。

然而，半导体并不总是纯净的，总会有一些杂质混入其中，就像空气中有灰尘、人类的手上有很多污垢。即使看上去非常清澈透明的水，也多多少少含有杂质。此外，如果晶体中存在缺陷，也会表现出类似于晶体中混入了其他杂质。

这种除了本征半导体以外的物质被称为杂质（Impurity）。当杂质进入半导体时，会显著改变半导体的性质，这就像在烹饪中加入一小撮盐或调味料会大大改变菜的味道一样，杂质可以自由调节半导体的特性。虽然听上去有些怪怪的，但是，特别是Ⅲ族金属（如镓、硼、铟等）和Ⅴ族金属（如锑、砷、磷等）的"杂质"对半导体来说是至关重要的。

随着半导体的发展，铟等以前不太重要的元素已经成为重要的工业金属。导入杂质的方法也有很多种。甚至可以说，如何精确地把控导入杂质的浓度和位置，是半导体技术的基础。

然而，有时也会有"有害"的杂质。例如，金和铜会在半导体中形成陷阱，强制电子和空穴结合，从而降低半导体的性能。但相反的是，有时也会利用这种特性在半导体中有意地引入金和铜等重金属，这就好像有些毒药可以成为治病的药物一样。关于杂质被导入到半导体中会发生什么，我们将在下一章中详细解释。

1. 电子的空位成为空穴。
2. 空穴和电子的运动方向相反。
3. 杂质改变半导体的性质。

第 5 章　练习题

问题 1：空穴在哪个能带中移动?

问题 2：空穴和电子，哪个移动得更快呢?

问题 3：什么是本征半导体?

5

第**6**章

掺杂的作用

关于半导体的讨论渐入佳境，现在让我们简单复习一下，有两个非常重要的点：一是半导体中有电子和空穴，分别带有负电荷和正电荷；二是当温度升高时，电子可以自由移动（换句话说，电子跃迁到导带），留下空穴，也就是说，电流可以流动。这两点务必要记住。与其说是记住，不如说是让这些电子的世界在你脑海中像图画一样浮现出来。这样记住后，后面复杂的讨论也会更容易理解。

在这一章中，我们将探讨另一个重要知识，即半导体中的杂质。

6.1 ▶ 杂质太少了

在之前的讨论中，我们假设所涉及的半导体（如硅和锗）都是以充分纯净为前提的。从数量上来定义纯度，我们讨论的纯度一般约为 99.99999999%，由于有 10 个 9，这种纯度被称为"十个九"。

我们在第 1 章讨论了如何制造单晶体，但如何测量如此纯净的材料呢？当然，普通的化学分析是无法做到的。因此，接下来要讲的是，利用杂质会释放电子的这一特性，通过测量电阻来反向推测半导体材料的纯度。

总而言之，这里除了硅（Si）和锗（Ge）的原子以外，如果有掺入其他原子到半导体材料中，即使是非常少量，我们都称这些为"杂质"。如果半导体中被掺入了杂质，半导体的性质会逐渐发生改变。通常，"杂质"这个词给人带来略微"有害"这一类的感觉，然而，在半导体中，杂质有时是故意引入的，以改变半导体的性质。因此，在半导体领域，杂质并不是有害的，而是发挥重要作用的物质。

完全纯净的水（如蒸馏水），喝起来其实不美味。而含有各种各样矿物质的矿泉水则要好喝得多。同样，在半导体中，即使是少量的杂质也能起到很大的作用。

由于引入了杂质，半导体的应用范围大大扩展。因此，完全没有杂质或杂质非常少的半导体被称为本征半导体，而掺杂了杂质的半导体被称为杂质半导体（Impurity Semiconductor）。

6.2 ▶ 5 价的杂质原子

那么，我们来研究一下杂质在半导体中到底是怎样起作用的吧。首先以 5 价原子为例。在表示各种物质时，经常使用表 6.1 所示的元素周期表。

表 6.1 元素周期表

图例说明：
- 原子序数 → 92 U 元素符号，红色指放射性元素
- 元素名称 注*的是人造元素 → 铀
- 价层电子排布，括号指向可能的电子排布 → 5f³6d¹7s²
- 相对原子质量（加括号的数据为该放射性元素半衰期最长同位素的质量数）→ 238.0

周期	I A	II A	III B	IV B	V B	VI B	VII B	VIII			I B	II B	III A	IV A	V A	VI A	VII A	O	电子层	O族电子数
1	1 H 氢 1s¹ 1.008																	2 He 氦 1s² 4.003	K	2
2	3 Li 锂 2s¹ 6.941	4 Be 铍 2s² 9.012											5 B 硼 2s²2p¹ 10.81	6 C 碳 2s²2p² 12.01	7 N 氮 2s²2p³ 14.01	8 O 氧 2s²2p⁴ 16.00	9 F 氟 2s²2p⁵ 19.00	10 Ne 氖 2s²2p⁶ 20.18	L K	8 2
3	11 Na 钠 3s¹ 22.99	12 Mg 镁 3s² 24.31											13 Al 铝 3s²3p¹ 26.98	14 Si 硅 3s²3p² 28.09	15 P 磷 3s²3p³ 30.97	16 S 硫 3s²3p⁴ 32.06	17 Cl 氯 3s²3p⁵ 35.45	18 Ar 氩 3s²3p⁶ 39.95	M L K	8 8 2
4	19 K 钾 39.10	20 Ca 钙 40.08	21 Sc 钪 44.96	22 Ti 钛 47.87	23 V 钒 50.94	24 Cr 铬 52.00	25 Mn 锰 54.94	26 Fe 铁 55.85	27 Co 钴 58.93	28 Ni 镍 58.69	29 Cu 铜 63.55	30 Zn 锌 65.38	31 Ga 镓 69.72	32 Ge 锗 72.63	33 As 砷 74.92	34 Se 硒 78.96	35 Br 溴 79.90	36 Kr 氪 83.80	N M L K	8 18 8 2
5	37 Rb 铷 85.47	38 Sr 锶 87.62	39 Y 钇 88.91	40 Zr 锆 91.22	41 Nb 铌 92.91	42 Mo 钼 95.96	43 Tc 锝	44 Ru 钌 101.1	45 Rh 铑 102.9	46 Pd 钯 106.4	47 Ag 银 107.9	48 Cd 镉 112.4	49 In 铟 114.8	50 Sn 锡 118.7	51 Sb 锑 121.8	52 Te 碲 127.6	53 I 碘 126.9	54 Xe 氙 131.3	O N M L K	8 18 18 8 2
6	55 Cs 铯 132.9	56 Ba 钡 137.3	57~71 La-Lu 镧系	72 Hf 铪 178.5	73 Ta 钽 180.9	74 W 钨 183.8	75 Re 铼 186.2	76 Os 锇 190.2	77 Ir 铱 192.2	78 Pt 铂 195.0	79 Au 金 197.0	80 Hg 汞 200.6	81 Tl 铊 204.4	82 Pb 铅 207.2	83 Bi 铋 209.0	84 Po 钋 [209]	85 At 砹 [210]	86 Rn 氡 [222]	P O N M L K	8 18 32 18 8 2
7	87 Fr 钫 [223]	88 Ra 镭 [226]	89~103 Ac-Lr 锕系	104 Rf 𬬻 [265]	105 Db 𬭊 [268]	106 Sg 𬭳 [271]	107 Bh 𬭛 [270]	108 Hs 𬭶 [277]	109 Mt 䥑 [276]	110 Ds 𫟼 [281]	111 Rg 𬬭 [280]	112 Cn 鿔 [285]	113 Nh 鉨 [284]	114 Fl 𫓧 [289]	115 Mc 镆 [288]	116 Lv 𫟷 [293]	117 Ts 鿬 [294]	118 Og 鿫 [294]	Q P O N M L K	8 18 32 32 18 8 2

镧系：57 La 镧 138.9 · 58 Ce 铈 140.1 · 59 Pr 镨 140.9 · 60 Nd 钕 144.2 · 61 Pm 钷* [145] · 62 Sm 钐 150.4 · 63 Eu 铕 152.0 · 64 Gd 钆 157.3 · 65 Tb 铽 158.9 · 66 Dy 镝 162.5 · 67 Ho 钬 164.9 · 68 Er 铒 167.3 · 69 Tm 铥 168.9 · 70 Yb 镱 173.1 · 71 Lu 镥 175.0

锕系：89 Ac 锕 [227] · 90 Th 钍 232.0 · 91 Pa 镤 231.0 · 92 U 铀 238.0 · 93 Np 镎 [237] · 94 Pu 钚 [244] · 95 Am 镅 [243] · 96 Cm 锔 [247] · 97 Bk 锫 [247] · 98 Cf 锎 [251] · 99 Es 锿 [252] · 100 Fm 镄 [257] · 101 Md 钔 [258] · 102 No 锘 [259] · 103 Lr 铹 [262]

这里需要注意的是，第ⅣA族元素包括碳（C）、硅（Si）、锗（Ge）、锡（Sn）和铅（Pb）。

这些是前面说明的具有 4 个结合键（结合的"手"）的元素，也就是 4 价元素。然而，所有这些元素并不都能成为半导体。例如，Sn 和 Pb 的导带和价带重合，属于金属。而 C 则相反，导带和价带距离太远，成为绝缘体（除了结晶的碳，即钻石，非晶质的碳是导体）。

第 VA 族元素包括氮（N）、磷（P）、砷（As）、锑（Sb）和铋（Bi）。第 VA 族元素的最外层有 5 个电子，因此有 5 个结合键，即有 5 只结合的"手"，As 原子有 5 个结合键，如图 6.1 所示。

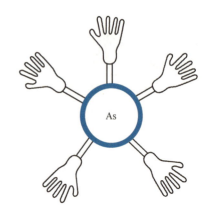

图 6.1 As 原子有 5 个结合键（即有 5 只结合的"手"）

让我们考虑一下具有 5 个结合键的砷（As）原子掺入硅（Si）中的情况。这里所说的 As 含量最多不超过 0.1%，即每 1000 个 Si 原子中约有 1 个 As 原子。

因此，As 只在非常少数的位置存在。让我们仔细观察图 6.2，可以发现 As 原子多出 1 只用于结合的"手"。正如之前所说，这些键实际上就是电子本身。因此，多出了 1 个电子，没有和它结合的"对象"。

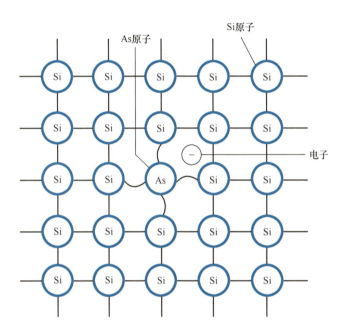

图 6.2　As 原子被掺杂进入 Si 的结晶时，多出了 1 只结合的"手"

　　如果只考虑 As 原子，原子核中的正电荷和所有电子带的负电荷是处于电荷平衡状态的，这个没有问题。然而，由于这个多余的电子与原子核内部的距离相对较远，所以原子核对其的吸引力比较弱，因此这个没有"对象"的电子很容易脱离原子核的束缚。换句话说，这个电子很容易成为自由电子，也就是说，它很容易就跃迁到导带。

　　当电子离开后，As 原子在电荷上会显示多出一个正电荷，但由于这是原子核内部的电荷，因此无法移动，即成为固定电荷。这意味着 As 原子变成了 As^+ 离子，这也被称为 As 原子的"离子化"。当电子离开后，As 原子被离子化并带有正电荷的过程如图 6.3 所示。

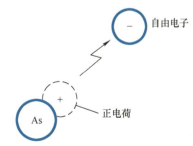

图 6.3　当电子离开后，砷（As）原子被离子化并带有正电荷 ⊕ 的过程

结论是，当 5 价的原子掺入半导体时，它会很容易地释放出与其原子数量相同的电子。因此，5 价原子通常被称为"施主"（Donor），因为它们能提供电子。

6.3 ▶ 掺杂后能带图的变化

让我们再考虑一下，当 5 价杂质进入半导体时，能带图会发生什么变化。掺杂前后的能带图如图 6.4 所示，图 6.4a 展示了本征半导体（即没有被掺入杂质时）的能带图。在本征半导体中，电子必须从价带（即晶体结合状态）直接跃迁到导带（即自由电子状态），这是一项相当艰巨的任务。

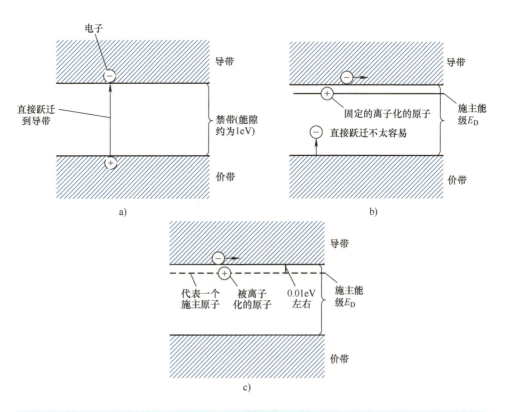

图 6.4　掺杂前后的能带图

a）本征半导体的能带图　b）掺杂进施主的能带图　c）更准确的存在施主掺杂时的能带图

然而，当砷（As）被掺入进半导体中时，总会有一个多余的电子，这意味着这个电子很容易从原子核中脱离，这也意味着电子可以很容易（只需一点点的能量）地跃迁到导带。因此，在这种情况下，电子不需要从价带跃迁，而是从导带的稍下方的位置进行跃迁。因此，我们在导带的稍下方（约0.01eV 的位置）画一条线，称之为由 As 作用的杂质能级（施主能级），如图 6.4b 所示。

之所以不形成带，而是一条线，这是因为 As 原子只在少数位置存在（As 原子之间距离较远，彼此不会相互影响，因此不形成带）。更准确地说，这个由 As 作用的杂质能级不应该绘制成为线，而是用图 6.4c 所示的虚线描绘。

这个施主能级 E_D 是在改变温度的同时测量半导体的电阻而推导出来的。简单考虑一下，由于温度引起的能量可以表示为 kT，这里的 k 是玻尔兹曼常数，T 是绝对温度。在室温（即 300K）下，kT 所表示的能量约为 0.026eV。请记住这个数字，非常重要。因此，像施主这样在室温下就能完全实现电子的跃迁，其与导带最下方的能量差小于 0.026eV。另外，作为参考，硅（Si）的能隙（禁带宽度）为 1.2eV，锗（Ge）的能隙为 0.7eV，因此，只是在室温下，热能还不足以让价带上的电子跃迁到导带。

6.4 ▶ 3 价的杂质原子

第ⅢA 族元素包括硼（B）、铝（Al）、镓（Ga）、铟（In）、铊（Tl），见表 6.1。与 5 价的元素相反，这些元素有 3 个结合键（结合"手"）。因此，当我们绘制原子模型时，它们总是想要获得一个结合的"对象"。3 价的 In 原子被掺杂进入 Si 晶体的原子模型如图 6.5 所示。

也就是说，Si 的结合"手"（电子）与 In 的结合"手"，手握手连接着，但是，由于 1 只 Si 的结合"手"被空出来，没有连接的对象，于是也可以认为是多出了一个 Si 的电子，如图 6.5b 所示。这个和掺入 5 价杂质原子时的情况很相似。那么，会出现一个电子吗？那么，这个多余的"电子"释放出来，会成为自由电子吗？实际的情况并非如此。这一点略微有些难理解，因为 Si 上的电子被 Si 原子核强烈地吸引着（换句话说，这个电子处于价带中），因此不能像砷（As）提供的电子那样自由移动。那么，会发生什么情况呢？

多出的 Si 电子虽然不能移动，但它们非常渴望结合电子。因此，会产生一种吸引电子的力，这种吸引电子的力实际上就是正电荷，也就是空穴本身。在这种情况下，可以认为 5 价的砷（As）原子带有正电荷（被离子化），释放一个电子。同样，铟（In）原子带有负电荷，拥有一个带正电荷的空穴。

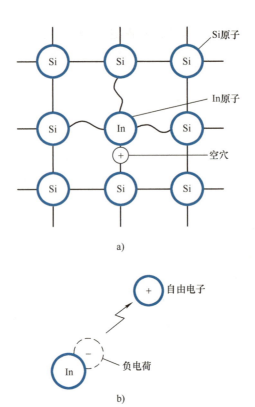

a)

b)

图 6.5　3 价的铟（In）原子被掺杂进入 Si 晶体的原子模型

a）In 原子被掺杂进入 Si 的结晶时，少了 1 只结合"手"　b）当空穴离开后，In 原子被离子化并带有正电荷

　　接下来，让我们考虑这个空穴是如何移动的。首先，这个空穴总是试图吸引电子。为了满足这一点，必须从某处获得电子。然而，在这个晶体中没有砷（As）原子，因此没有可移动的电子，所以，它会强行从属于邻近原子的电子中吸取。从被吸取的电子这一方来看，这个电子不需要获得太多能量就可以相对容易地移动到邻近的位置。换句话说，电子不需要每次都跃迁到导带，也可以直接移动。这意味着在充满电子的价带附近有一个可以提供移动的能级。反映到能带图中，也就是在价带的上方附近会形成一个能级，用来捕获电子。当电子跃迁到这个能级时，价带中会留下一个空穴（自由空穴）。

　　由于 In 原子总是想吸取电子，也就是接受电子，所以通常被称为受主（Acceptor）。

　　能带图又是如何反映的呢，受主掺杂时的能带图如图 6.6 所示，在价带的上方约 0.01eV 处形成了受主能级 E_A。电子会较容易地从价带跃迁到这个受主能级，并留下一个空穴，这个空穴可以自由移动。

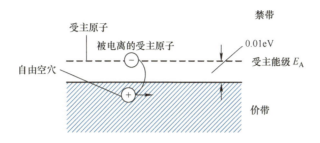

图 6.6　受主掺杂时的能带图

正如你所见，电子和空穴的关系与施主和受主的关系非常相似，能带图上下颠倒后完全相同。半导体中总是有两种物质相互协作，产生复杂的作用，这种关系也体现了自然界的神奇之处。

6.5 ▶ 杂质的掺杂方法

表 6.1 所示的元素中，并不是所有的元素都能被当成杂质来使用。由于受到半导体的溶解性和半导体表面蒸发的难易程度等方面的制约，主要被使用到的施主有磷（P）、砷（As）和锑（Sb），主要被使用到的受主有硼（B）、铝（Al）、镓（Ga）和铟（In）。

要说如何将杂质溶解到半导体中，最容易想到的方法是将所需量加入到熔化的半导体中，但这是一项相当复杂的技术。此外，为了制造二极管和晶体管，还需要将杂质原子局部掺入晶体半导体中，目前有几种不同的方法可以实现这一点。

总之，最近 30 年来发展的半导体技术，可以说是"如何将杂质精确地掺入半导体"。在所需位置精确掺入精确量的杂质，是半导体技术的精髓。

6.6 ▶ 杂质半导体的电阻值

如果掺杂施主和受主，就会形成和其杂质数量相同的电子和空穴，那么半导体的电阻会发生什么变化呢？这里我们先只考虑施主的情况。

在物质中，电流流动的难易程度可以表示为携带电荷的粒子数量 × 粒子的迁移率。也就是说，如果自由电子越多，而且电子迁移率越好，电流就越容易流动，即电导率 σ 就越大，可以用式（6.1）表示。

$$\sigma = en\mu \qquad (6.1)$$

式中，σ 为电导率（μS/cm）；n 为 $1cm^3$ 中的电子数；μ 为迁移率；e 代表一个电子所携带的电荷（C）。如果对式（6.1）左右分别取倒数，就会得到电阻率。

$$\frac{1}{\sigma} = \rho = \frac{1}{eN_D\mu} \qquad (6.2)$$

式中，ρ 为电阻率（$\Omega \cdot cm$）；N_D 为 $1cm^3$ 中施主的个数（浓度）；μ 是迁移率 $[cm^2/(V \cdot s)]$。这里可以认为电子的数量（n）与施主数量（N_D）是相同的。

锗中电子的迁移率为 $3600cm^2/(V \cdot s)$，即 1s 内，如果对锗施加 1V 的电压，电子可以移动 3600cm=36m。

已知电子 e 所携带的电荷为 1.6×10^{-19}C，可以绘制出施主数量与电阻率的关系图，电阻率实际上是表示体积为 $1cm \times 1cm \times 1cm$ 的立方体的电阻，n 型 Ge 中的 As 浓度和电阻率的关系如图 6.7 所示。随着施主数量的增加（N_D 越大），电阻会越小。请注意图 6.7 中的纵轴和横轴都是采用对数刻度，对于锗中的空穴、硅中的电子和空穴，在该图中的直线位置会略微偏移，这是由电子和空穴的迁移率不同所导致的。

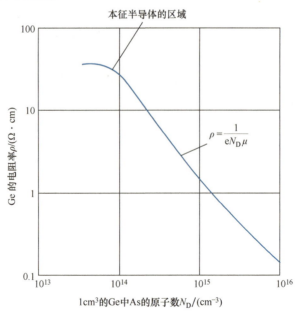

图 6.7　n 型 Ge 中的 As 浓度和电阻率的关系

让我们再观察下图 6.7 的横轴，你会发现这些数字非常大，令人惊讶。然而，仔细考虑一下，这实际上是 1cm³ 中的原子数量。在 1cm³ 中，只有数百或数千个原子是不可能的。一般来说，普通物质中每立方厘米有 10^{22} 个原子。因此，杂质原子的数量为 10^{15} 时，意味着 $10^{15}/10^{22}=10^{-7}$，即在半导体中，每 1000 万个原子中只有 1 个施主原子，数量是少之又少。

第 6 章　知识要点

1. 3 价和 5 价元素能作为杂质。
2. 杂质在禁带中形成杂质能级。
3. 电阻率与杂质成反比。

第 6 章　练习题

问题 1：如果在 1cm³ 锗中首先放入 1000 个镓原子，然后放入 2000 个锑原子，会发生什么情况呢？

问题 2：锗中有 $10^{15}/cm^8$ 的 P（磷），室温下的电阻率为多少？

第 **7** 章

半导体中的
载流子动态

7.1 ▶ 杂质半导体

在上一章中，我们研究了掺入少量金属杂质的半导体，也被称为杂质半导体。这里让我们再复习一下。当硅（Si）或锗（Ge）中掺入像锑（Sb）这样的5价金属原子时，在室温条件下，每个Sb原子就能释放一个自由电子，因此半导体的电阻会变小，这种半导体被称为n型半导体。

n型的"n"代表电子所带的负电荷（Negative）。在n型半导体中，电子负责电荷的搬运，是电流的载体，如图7.1所示。接下来，当像铟（In）这样的3价金属原子掺入时，每个铟原子会释放一个自由移动的空穴，因此半导体的电阻也会减小，这种半导体称为p型半导体，p代表空穴所携带的正电荷（Positive）。为了记住这一点，可以像图7.2那样，记住字母p中间有一个洞，可以想象为p型半导体中有很多空穴。图7.2所示为p型半导体中存在空穴，由空穴负责电荷的搬运。

图7.1　n型半导体中，电子负责电荷的搬运，是电流的载体

正如前面的内容所提及的，当掺入一个杂质原子时，会释放一个电子或空穴。随着电子或空穴的增加，半导体的电阻会逐渐减小。当完全不掺入任何杂质时，电阻最高。在室温下，锗的电阻率为$50\Omega\cdot cm$，硅的电阻率甚至可达到$20k\Omega\cdot cm$，这里出现的"$\Omega\cdot cm$"是电阻率（Resistivity）的单位。

那么，如果继续增加杂质的数量，直到无法再溶解为止。这种浓度因杂质的种类而有所不同，但此时半导体会逐渐表现出类似金属一样的性质，有时也被称为半

图7.2　p型半导体中存在空穴，由空穴负责电荷的搬运

金属。1957 年，日本的江崎博士研究了在不断增加杂质的半导体中制造二极管的效果，当时，人们普遍认为，如果杂质浓度超过一定程度，半导体的性质会逐渐丧失，因此二极管的特性也会变差，无法被使用。然而，江崎博士的研究打破了这一常识，当杂质浓度超过二极管的使用极限时，二极管会出现一种奇特的特性（负阻特性），这就是著名的隧道二极管。江崎博士回忆起当时的情景说："看到所有制造出来的二极管都表现出负阻抗时，我的心情激动得难以言表，对于我们这些从事自然科学的人来说，这样的瞬间是人生中最重要的时刻"。隧道二极管的发明也成为江崎博士获得诺贝尔物理学奖的开端。我们应该始终对常识保持怀疑态度，如果有疑问，就应该进行实验验证。

现在，让我们更深入并精确地描述掺入杂质时半导体电阻（电阻率）的变化情况。杂质浓度与电阻率的关系如图 7.3 所示，这个图是对应锗（Ge）的情况，但硅（Si）的情况也非常相似，横轴表示杂质的浓度，用 ppm 表示，ppm（part per million）是百万分之一的意思，一般表示为 10^{-6}，即杂质原子的数量是硅原子数量的百万分之一（相当于 0.0001%）。在图 7.3 的左边，位于阴影部分的线条变得平坦，此处表示杂质的含量非常少（低于 0.0000001%），即使再减少杂质，电阻也不会增加，这是因为在这个区域，由于热效应，电子和空穴获取热能，并且是以成对的形式产生的，而不是来自杂质原子所提供的电子或空穴。我们在前面的章节已经讨论过，这个区域称为本征半导体（不含杂质的本征半导体）。

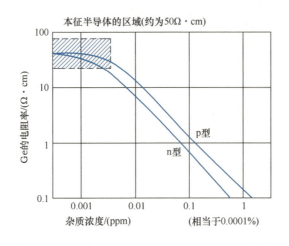

图 7.3　杂质浓度与电阻率的关系（Ge 的情况）

7.2 ▶ 电子和空穴哪个移动得更快

让我们再仔细观察图 7.3，可以看到 p 型和 n 型半导体的曲线是分开的，这是为什么呢？即使杂质浓度相同，也就是说电子和空穴的数量相同，却表现出不同的电阻率。这个深层次的原因在于电子比空穴移动得更快。

电子和空穴的速度赛跑，电子会更早到达如图 7.4 所示。如果在斜坡上分别放置一个电子和一个空穴，然后松手，电子会比空穴先到达底部。这个斜坡实际上对应的是电压的大小，左端为 0V，右端为 10V。在半导体中，这种电压斜坡（准确地说是电场）会起到推动电子和空穴移动的作用。

现在，我们再假设电子和空穴同时从右端的斜坡上出发，如果要使电子和空穴同时到达左端，那么电子这一方就需要设置较缓的斜坡，也就是说，只需

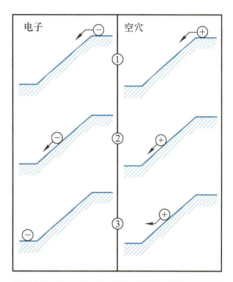

图 7.4　电子和空穴的速度赛跑，电子会更早到达

要较低的电压。因此，流过相同大小的电流，电子所需要的电压较低。这就表现为，载流子为电子的 n 型半导体中，电阻也相对较低。

为了表示像电子和空穴这样的粒子（称为载流子）的速度，在第 6 章中也提到了，我们使用迁移率这个物理量来衡量。更具体些，迁移率是指对长度为 1cm 的半导体两端施加 1V 电压（电压的斜率电压 / 距离，也就是电场，单位为 V/cm）时，载流子在半导体中的移动速度（每秒移动的距离，单位为 cm/s）。迁移率的单位为 $\dfrac{cm/s}{V/cm}$ [即 cm²/（V·s）]。

表 7.1 显示了电子和空穴的迁移率。不过，这只是室温（约 25℃）下的情况，温度变化时，迁移率也会变化。从表 7.1 可以看出，在硅和锗中，即使是相同的载流子电子，速度也不尽相同。例如，在锗中，如果每厘米施加 1V 的电压，即 1V/cm，此时，锗中作为载流子的电子每秒可以移动 3600cm，即 36m，而在相同条件下，硅中的空穴只能移动 4.8m。

表 7.1　电子和空穴的迁移率

类型	硅每秒可以移动的距离 /cm	锗每秒可以移动的距离 /cm
电子	1350	3600
空穴	480	1900

7.3 ▶ 电子和人类谁跑得更快

　　在大家的传统印象里，一般会认为电子的速度一定很快。然而，事情并非如此简单。正如前面所解释的，即使在锗中最快的电子，每秒也只能移动 36m。如果在一根长度为 3cm 的锗棒两端施加 1V 的电压，电子每秒的移动距离约为 10m。而人类在 1s 内也能跑 10m 左右，所以速度大致相同。当然，实际上很少有这么小的电场，实际电场的强度要比这个大 100~1000 倍。这的确与直观的感觉相差甚远，在大多数人的传统印象中，认为电子的移动是非常快的。

　　接着往下说明，n 型锗棒中的电子运动如图 7.5 所示。让我们假设有一根n 型锗棒，其中几乎充满了电子，如果对这根棒施加电压，锗棒的左边为正电压，右边为负电压，此时，左端的电压 ⊕ 会吸引最左端的电子进入导线中，于是，所有的电子都会向左移动一个位置，右端的空位则会被右侧导线中的一个电子所填补。

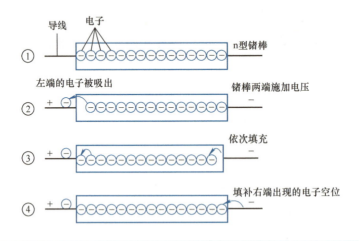

图 7.5　n 型锗棒中的电子运动

　　这种情况与实际电流在电线中流动时相同。这样移动时，与一个电子从右端移动到左端相比，整体的速度会快很多。因此，从整体上看，可以认为电流的移动速度接近光速（约为 3×10^8m/s）。

那么，如果观察一个电子的话，为什么单个电子的移动速度会那么慢呢？这可以通过以下方式解释。

你有没有去过在做促销的百货商店呢？如图 7.6 所示，可以看见里面到处都是人，想要笔直往前走，但怎么也走不快，你越着急，就越容易撞到人。这也像弹珠机，从上方落下的弹珠会在钉子之间上下左右弹跳，钉子越多，弹珠的运动轨迹就越复杂。虽然每个电子的移动速度较慢，但从宏观上看，整体电流的流动速度却非常快。

图 7.6　在拥挤的百货商店里，无法快速行走，电子在半导体中移动时，情况也类似

当电子在半导体晶体中移动时，也会发生类似的情况。正如图 7.7 所示，电子不可避免地会与锗或硅原子碰撞。虽然电子非常小，由于存在大量的原子，这就导致了碰撞是不可避免的。当电子与原子发生碰撞后，电子的移动速度归零，在外部电场的作用下，又开始加速移动。电子就以这样"走走停停"的状态在晶体中移动。之前提到的电子迁移率反映了电子以这种状态移动的平均速度与外界电场之间的关系。

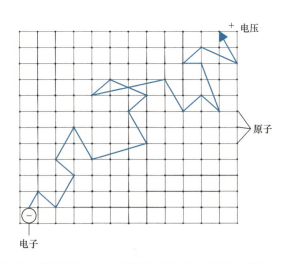

图 7.7　电子在移动的过程中，不断会与原子发生碰撞，这是速度慢的原因

当然，原子也不是静止不动的，只要不是绝对零度，原子自身就会振动，当温度升高时，原子的振动会更加剧烈，就更容易与电子发生碰撞。因此，温度升高会导致电子迁移率下降。这种现象称为晶格散射。

7.4 ▶ 空穴在 n 型半导体中的移动方式

到目前为止，我们讨论的都是电子在 n 型半导体中的运动情况。在 p 型半导体中，空穴的运动也是完全相同的。在 n 型半导体中，电子的运动与金属中电子的运动情况非常相似。同样地，在 p 型半导体中，可以认为是带正电荷 ⊕ 的正电子在金属中运动。

这里还有一个非常重要的点，那就是，即使在 n 型半导体中也存在少量的空穴，而在 p 型半导体中也存在少量的电子。

当我们考虑 n 型半导体时，由于在 n 型半导体中，电子数量是占绝大多数的，因此被称为多数载流子，而空穴数量较少，因此被称为少数载流子。在 p 型半导体中，情况正好相反。为了更容易理解，可以参考图 7.8 所示的 n 型和 p 型半导体中的载流子情况。那么，少数载流子由于数量少，在半导体中是否不起作用呢？事实并非如此。尽管数量少，但它们往往起着重要作用。作为代表，让我们来研究一下 n 型锗中的空穴。

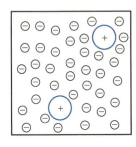
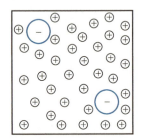

n型半导体
（空穴很少）

p型半导体
（电子很少）

图 7.8　n 型和 p 型半导体中的载流子情况（少量的载流子被放大描绘）

作为少数载流子的空穴是什么状态呢？空穴周围总是有大量电子。这样一来，这个空穴会迅速与附近的电子相互抵消（相结合）。但是，即使这个空穴消失了，其他地方也会产生新的空穴，所以从总数量看，空穴的数量保持不变。

首先，假设我们像之前一样对 n 型锗施加电压，于是，电子向正极、空穴向负极移动如图 7.9 所示，电子当然会被吸引到正极（左侧），而空穴由于电荷相反，会被吸引到负极（右侧）。这种载流子的运动被称为漂移（Drift）。这就好像，掉落在河流中的叶子，自然地被冲向下游一样。

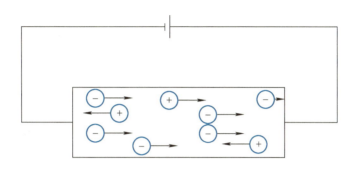

图 7.9　电子向正极、空穴向负极移动

另一种运动方式如图 7.10 所示，在某个位置有一个入口的管道，空穴从这个入口不断进入并逐渐积累。随着空穴的积累，它们会从底部逐渐崩塌，这种现象类似于试图堆高沙子但沙子会崩塌的情况。这种由于自身重量而崩塌并前进的运动方式称为扩散（Diffusion）。

在像晶体管这类的半导体器件中，上述两种载流子运动方式（漂移和扩散）始终在发生。至于哪种运动方式更快，显而易见，漂移要快得多。在某些应用中，晶体管正是利用漂移效应，获得载流子更快的应答，从而提高截止频率。

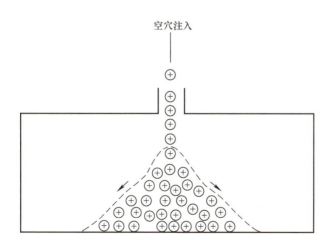

图 7.10　另一种运动方式

如上所述，在 n 型半导体中存在许多电子，但也可以引入少量的空穴（少数载流子）（请参阅第 9 章的注入效应）。这些被注入的空穴的运动方式与电子有很大不同，由于空穴周围围绕有许多负电子，因此它们可以相对容易地与其中一个电子结合。由于空穴是"没有实体的洞"，因此在结合的瞬间，空穴就会消失。对于注入 p 型半导体中的少数载流子，电子也是同样的情况。

还有一种情况是，如果半导体晶体的质量不好，或者含有杂质（这些杂质也被称为"寿命杀手"），那么再结合的时间会非常短。从注入少数载流子到其消失的平均时间称为寿命时间。在优质锗中，少数载流子的寿命时间约为 1ms，而在结晶不那么优质的锗中，寿命时间约为 1μs。在硅中加入金、铂等重金属会使寿命时间非常短。少数载流子的寿命时间也可以作为衡量晶体质量的标准。然而，对于高频率的应用场合来说，半导体器件内少数载流子的寿命时间越短越好。

第 7 章　知识要点

1. n 型半导体中是电子、p 型半导体中是空穴来传导电流。
2. 宏观上，携带电荷的载流子以接近光速的速度移动。
3. 少数载流子通过漂移和扩散移动。

第 7 章　练习题

问题 1：在 n 型硅上施加 100V/cm 的电场的话，电子的速度会是多少？

问题 2：电场增强，电子会移动得越来越快吗？

问题 3：虽然说寿命时间的单位是 ms 或 μs，但是那么短也是没有办法的事，不是吗？

第 **8** 章

费米能级的
故事

通过前一章的说明，相信大家已经了解了 p 型半导体、n 型半导体，以及它们的作用。大家熟悉的二极管和晶体管，就是通过 p 型和 n 型的结合来发挥其神奇作用的。接下来，我将揭示这种神奇作用的秘密。在此之前，本章将讨论关键的秘密——费米能级。

8.1 ▶ 物体所持的电压

几乎所有的事物都有其固有的电压（或称为电位）。例如，我们在乘车行驶时，由于空气摩擦等原因，车体会逐渐带电，当我们下车时，先脚踏地面后关闭车门时（特别是在干燥的秋冬季节），有时会看到火花。因此，最近越来越多的汽车在行驶时会拖着静电带进行放电，安装的汽车放电的静电带如图 8.1 所示。

图 8.1　安装的汽车放电的静电带

最近，许多人也经历过合成纤维衣服容易带电的情况。如果让带电的物体接触到（大）地电位（电压一般为 0，也称为 0 电位），就会产生电流。自然界中，雷电就是这种放电现象。

因此，如果两个 0 电位的物体接触，电流不会发生流动。我们周围的金属和半导体一般都是 0 电位，所以即使在桌子上让金属彼此接触，也不会有电流通过。

让我们考虑一下其他情况。水面的高度相当于电学中的费米能级如图 8.2 所示。假设有两个水桶，如图 8.2a 所示，一个水桶比另一个装的水多，如果用管子连接这两个水桶的底部，不难理解，水会从水量多的一方流向水量少的一方。为了不让水流动，必须像图 8.2b 那样稍微调节水量少的水桶的高度，把少的这一方抬高，最终是两个水桶内水面的高度相同。在这种情况下，水面的高度相当于电学中的费米能级。

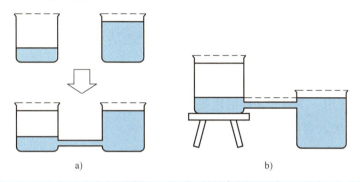

图 8.2　水面的高度相当于电学中的费米能级

a）水量不同的水桶连接起来，水就会流动　b）这样水流就不会流动

8.2 ▶ 费米能级

费米能级的理论是由著名的物理学家费米提出的。"能级"指的是能量高低的水平。如果与水的情况对应考虑的话，对应于水面的高低，专业理论上的费米能级的定义是"温度为绝对零度时固体能带中充满电子的最高能级"。接下来，我们对这个定义进行详细解释。

电子的费米能级如图 8.3 所示，当两个能级不同的物质相接触时，情况与刚刚所提到的水桶的例子很相似。如果让电子多的一方与电子少的一方接触，电子必然会从电子多的一方流向电子少的一方。此时，固体中的电子会自动调节能级水平，使两方的能级水平处于一致的位置，于是电流不再流动。在这种情况下，开始时电子较少的一方的电位就会有所上升，轻微带电。可以说，这是自然界为了防止电流流动（在不消耗能量的情况下）而发明的解决方法。

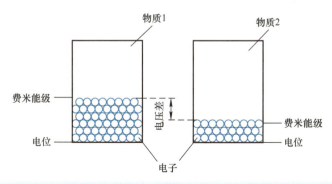

图 8.3　电子的费米能级［为了电子（电流）不流动，右边物质的电压必须上升］

8.3 ▶ 电子的费米能级

更形象地说，费米能级指的是充满电子的那个能量高度，但所有电子真的会那样填充吗？在水的情况下，由于液体的流动性，确实会从桶的底部开始，到某个水位为止充满桶。

但是对于电子，情况也一样吗？首先，让我们考虑一下将非常轻的物质（如鸟的羽毛）放入容器中的情况，由于太轻，有些就很难沉到容器底部。鸟的羽毛和电子的比较如图 8.4 所示，从底部轻轻吹风，从底部送来了轻缓的风，羽毛就会一直在空中轻轻地飞舞吧。

电子的行为实际上与图 8.4 所示的例子非常相似。对于电子来说，风相当于物质的温度能量。当物质获得热量时，即不在绝对零度的状态时，电子也会像羽毛一样，在物质中飘浮。

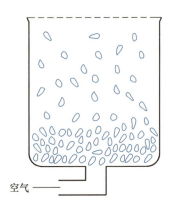

图 8.4　鸟的羽毛和电子的比较（送风时会飘浮）

这里需要注意的是，电子并不是在高度方向上浮动，而是在能量大小方向上浮动。也就是说，当我们用能量的大小作为纵轴来绘图时，向上漂浮的电子，即向能量较大的方向移动。然而，并不是所有电子都会上升到同样的高度。根据自然现象，较低能量的电子数量一定是占据大多数，呈现出山形分布。如果将横轴表示为电子数量、纵轴表示为能量大小，如图 8.5 所示的费米 – 狄拉克分布函数，当温度升高时，获得能量的电子数量就会增多，这条山形曲线会变陡；当温度降低时，曲线会变平缓；当温度达到绝对零度时，电子会完全

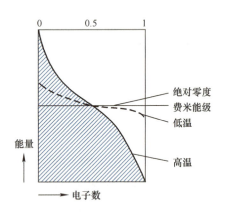

图 8.5　费米 – 狄拉克分布函数（根据这个曲线，判断电子或空穴存在的可能性，实际上，电子只能存在于导带中，而空穴只能存在于价带中。因此，只有在这个曲线与导带和价带重合的地方，电子和空穴才能存在）

稳定下来，此时就会像水一样，从底部开始，填充满某个能级。

那么，究竟哪里是所谓的费米能级呢？根据量子力学的原理，占据各能级

的电子数量的分布遵循费米 – 狄拉克分布函数。因此，费米能级是指能容纳最大电子数量一半的能级位置。准确地说，电子不能无限制地进入某个能级，这是因为每个能级上能容纳电子的"座位"（由原子的数量等因素决定的）是规定好的。因此，费米能级被定义为"座位"正好足够容纳最大电子数量一半的地方。也就是说，平均来说，电子占据这个能级的概率为50%。

需要注意的是，图8.5是完全遵循数学分布的，换句话说，曲线部分（实曲线和虚曲线）的电子只是表示存在的可能性。正如之前提到的，电子只能存在于导带中，而空穴只能存在于价带中。因此，电子和空穴只能存在于图8.5中分布曲线与导带和价带重合的部分。

第8章　知识要点

1. 几乎所有物质都有固有的电位。
2. 费米能级是电子填充的高度。
3. 电子的能量随温度而变化。

第8章　练习题

问题1：汽车为什么会带电呢？

问题2：如果认为所有电子都是相同的粒子，那么图8.5的曲线看起来确实有些奇怪。这是为什么呢？

第 **9** 章

pn 结及其作用

9.1 ▶ 什么是 pn 结

本章，让我们开始讨论 pn 结。pn 结是由 p 型和 n 型半导体结合而成的，目前大量使用的二极管和晶体管等非常重要的半导体器件都是由它们所构成的。到目前为止，我们已经研究了半导体的载流子的特性，即在半导体晶体中，电子和空穴是如何产生和移动的。有时会将这种现象总结为体效应（Bulk Effect），表示大或者体积大的意思，但这里是指在一个整体晶体中的现象。这个体效应主要由固体物理学领域的学者研究。

但是从现在开始，我们即将讨论的 pn 结虽然也是一个整体晶体，但并不是所有部分都具有相同的性质。它由两种不同性质的部分，即 p 型和 n 型半导体结合而成，因此不再被称为体效应，因为在这个结合处会表现出特殊的现象和电气特性。这一领域更多是由半导体工程师（而不是物理学家）来研究的。

9.2 ▶ 如果把 p 型和 n 型半导体"粘"在一起会发生什么

那么首先，让我们考虑一下将 p 型锗和 n 型锗"粘"在一起，想想会发生什么吧。在此之前，让我们再来回忆一下 p 型和 n 型半导体中各自的电子和空穴是如何运动的。图 9.1 所示为在半导体中，各自都有两种载流子存在。

图 9.1a 中是 p 型锗，在这种材料中，空穴（带正电荷 ⊕ 的载流子）约占 90%，剩下的 10% 是电子（带负电荷 ⊖ 的载流子），它们都可以自由移动。不过，电子的比例并不总是 10%，而是会根据杂质浓度和温度变化。

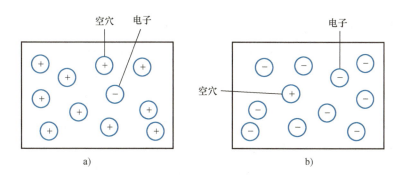

图 9.1　在半导体中，各自都有两种载流子存在

a）p 型锗　b）n 型锗

对于 n 型锗，如图 9.1b 所示，其中 90% 是电子，10% 是空穴。你还记得这些 10% 的电子和空穴是怎么来的吗？ 90% 的多数载流子是直接从杂质中释放出来的，而 10% 的少数载流子是通过获取的热能从锗原子中产生的。例如，p 型锗中的电子寿命不长，会与多数载流子的空穴发生结合后消失，但是又会有新的电子 – 空穴对产生，生成新的电子，所以整体上以 10% 的数量处于平衡状态。

那么，让我们像图 9.2 那样将 p 型和 n 型半导体结合在一起。会发生什么呢？

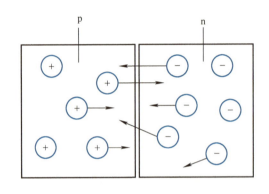

图 9.2　载流子向对方扩散

就像早晨通勤时的满员地铁，如果在某个地铁站突然增加一节空车厢，满员的乘客会流向空车厢，当所有车厢都同样拥挤时，这种流动就会停止。自然现象总是趋向于达到某种"均衡"。自然现象的本质是平均化，也就是所谓的熵增。

因此，p 型半导体中的空穴会流向 n 型半导体，而 n 型半导体中的电子会流向 p 型半导体。然而，实际上这种流动非常微小，很快就会停止。至于为什么这种流动会停止，存在各种各样的解释，此处不再详细描述。

接着，如图 9.3 所示，假设此时从 p 型和 n 型半导体分别取出导线，并连接电流表。如果电子和空穴不断流向对方，那么外部也必须有电流流动，这就像一个电池一样。然而，在没有任何能源供给的情况下，电池是不可能凭空产生的。此时可能有人会想到，之前在晶体中也有电子移动，那么为什么没有电流呢？这是因为在半导体晶体中，当一个电子向右移动时，必定有另一个电子向左移动，整体上相互抵消。因此，从宏观上看，电子的移动是不存在的，但在 pn 结中的情况却并非如此。

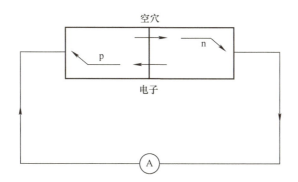

空穴

p   n

电子

A

图 9.3　在 pn 结中是否会有电流流动

　　那么，为什么 pn 结中不存在电流的流动呢？这是因为电子和空穴会遇到一个好似无法跨越的"岩壁"，如图 9.4 所示。这堵存在于 pn 结中的电气岩壁实际上是由 pn 结的电压差所致，这被称为 pn 结的势垒（Potential Barrier）。

图 9.4　如果有岩壁，攀登就变得困难

　　如果 pn 结内产生了这种电压，有人可能会认为 pn 结是否也能成为一个电池呢。然而，由于 pn 结没有能量源，所以也无法产生电流。那么，如果用高精度的电压表来测量这种电压是否可行呢？答案是，这也测不出来。因为任何电压表（如电容电压表）都需要一定的能量，即有电流流动。由于 pn 结不会产生电流，所以无法通过外置电压表测量出这种电压。不过，使用其他测量方法可以发现这种电压的存在。因此，这种电压被称为内建势（Built-in Potential）。

9.3 ▶ 为什么会产生电压

在 pn 结中所产生的电压并不大，锗大约为 0.5V，硅大约为 0.7V。那么，这种电压是如何产生的呢？让我们回到之前的讨论，如考虑 n 型锗。实际上，如前所述，自由电子的数量与施主杂质原子 [如锑（Sb）] 的数量相同。当电子离开后，Sb 原子带正电荷 ⊕（电子离开后留下带正电荷的原子 ⊕）。这里需要注意的是，这不是空穴，而是 Sb 原子本身带有的电荷，这些带正电荷 ⊕ 的原子不能像空穴那样移动。由于 Sb 原子对最外层电子的吸附能力很弱，所以电子很容易离开，留下被离子化的 Sb 原子。同样，在 n 型锗半导体中，为了使空穴移动，必须从相邻的锗原子中获取电子并将其移到空穴的位置。然而，由于 Sb 原子吸引电子的能力较弱，也很难做到这一点，因此空穴无法移动。

因此，带正电荷 ⊕ 的 Sb 原子完全不能移动，也就是说，它们是固定电荷（Fixed Charge），n 型锗中的固定电荷如图 9.5 所示。为了简化讨论，我们忽略少数载流子，最终在 n 型锗半导体中有相同数量的固定正电荷 ⊕ 和带负电荷 ⊖ 的自由电子，整体上保持中性。

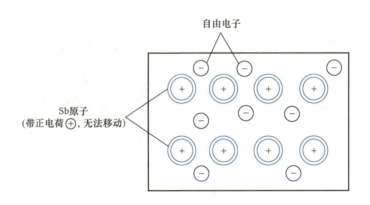

图 9.5　n 型锗中的固定电荷（离子化的 Sb 原子）

因此，如果自由移动的电子由于某种原因离开了晶体，残留的正电荷 ⊕ 会使晶体带电，并试图吸引电子。当电流流过时，电子从左侧流出，同时从右侧流入，如图 9.6 所示。那么，有人可能会问，当电流通过 n 型锗棒时，电子会离开晶体，这样晶体会带电吗？答案是否定的。在这种情况下，离开的电子数量与从电池进入的 n 型锗棒的电子数量是相同。因此，n 型锗棒中的电子数量始终保持恒定。

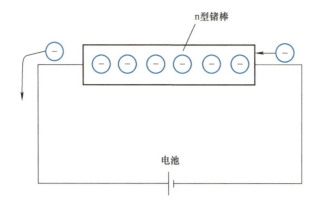

n型锗棒

电池

图 9.6　当电流流过时，电子从左侧流出，同时从右侧流入

让我们再回到 p 型和 n 型半导体结合在一起的情况，此时这些固定电荷（离子化的原子）会发生什么呢？由于可移动的载流子进入对方，会留下固定电荷，如图 9.7 所示，n 型半导体中可移动的电子会流向 p 型半导体，而 p 型半导体中可移动的空穴会流向 n 型半导体（这些流动的电子数和空穴数取决于结合的半导体的电阻率或杂质的浓度）。然而，不可移动的带正电荷 ⊕ 的电子会留在 n 型半导体的结合处附近，而固定负电荷 ⊖（受主）也会留在 p 型半导体的结合处附近。

9

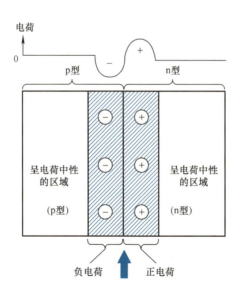

电荷

0

p型　　n型

呈电荷中性
的区域

（p型）

呈电荷中性
的区域

（n型）

负电荷　　正电荷

图 9.7　由于可移动的载流子进入对方，会留下固定电荷

在 p 型半导体中形成的负电荷 ⊖，当电子试图通过时，由于带负电荷，会相互排斥并阻止电子通过。从电压的角度来看，电压形成了一个势垒，电子很难越过这个势垒。图 9.8 所示为在结合处会形成电压势垒，因此电流不会再继续流动。

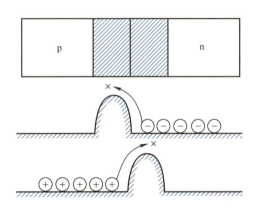

图 9.8　在结合处会形成电压势垒，因此电流不会再继续流动

在 n 型半导体中残留的正电荷 ⊕ 同样会对空穴形成电压势垒，使空穴难以通过。因此，电子和空穴在边界上就像有堵墙一样，难以进入对方的区域。如果没有这堵墙，能量上会出现混乱的状态。

9.4 ▶ 真正的 pn 结

之前所提到的 pn 结是将 p 型和 n 型半导体简单地连接在一起。然而，在实际使用时，这种方法并不奏效。首先，这种方法的连接绝对不可能让两个晶体完全无缝地接触，因为界面必然会有凹凸，即使是微小的缝隙，电子也无法通过。此外，用胶水或黏合剂当然也是不行的。麻烦的是, pn 结必须是单晶体实现结合。即在同一个晶体中，一部分是 p 型，另一部分是 n 型，必须是这样被制造的。如果在结合处晶体变差，可能就无法形成整齐电压的势垒，这些结合处的缺陷也会导致漏电。甚至在整流应用时，反方向上会出现电流过大的问题。

半导体晶体中，从 p 型半导体到 n 型半导体的浓度变化是相当急剧的。pn 结的范围在约为 0.1μm（1000Å）的被称为阶梯状结合，而 pn 结的范围在 2~3μm 缓慢变化的被称为倾斜状结合。如果 pn 结的范围变化过长，达到 1mm，此时 pn 结的特性就会发生变化。

在如此短的距离内改变掺杂的杂质原子是非常困难的。然而，科学家们经过长期研究，发明了几种关于结合的制作方法，我们将在第 13 章中详细讨论。

p 型或 n 型半导体的长度可以适当调节。在它们各自的区域内，电子和空穴像在金属内部一样，只有多数载流子在移动，所以在某些应用中可以稍微加长一些。接下来，让我们利用第 8 章学到的费米能级来考虑硅和锗的情况。

9.5 ▶ 半导体中的费米能级

费米能级是一种能级，因此我们需要再次参考之前提到的能带图。半导体中的能带图如图 9.9 所示，电子在导带上移动，空穴在价带下移动。此外，掺入施主杂质会形成施主能级，掺入受主杂质会形成受主能级（如果忘记了，请再复习一遍第 6 章的内容）。

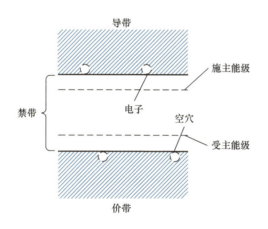

图 9.9 半导体中的能带图

首先，让我们考虑没有施主和受主的本征半导体。在本征半导体中，电子由于热能从价带跃迁到导带，因此在价带中会产生与电子数量相同的空穴。费米 – 狄拉克分布函数表明，如果温度一定，这个分布就会具有一定的分布形状。因此我们可以将这种形状应用到能带图中，并通过适当调整找到对应的位置。

本征半导体中电子和空穴的分布如图 9.10 所示。具体做法是将图 9.10 中曲线的中心作为对称轴，这是因为位于费米能级上下的正电荷 ⊕ 和负电荷 ⊖ 的数量是相同的。本征半导体中，价带的空穴数量与导带的电子数量是相同，因此费米能级，也就是处于费米 – 狄拉克分布函数的 1/2 位置的点总是位于禁带的中央。

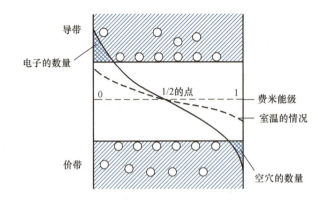

图中标注：
- 导带
- 电子的数量
- 0　1/2的点　1
- 费米能级
- 室温的情况
- 价带
- 空穴的数量

图 9.10　本征半导体中电子和空穴的分布（与费米 – 狄拉克分布函数曲线相匹配）

也就是说，"本征半导体的费米能级位于禁带的中央"。不过，为了便于理解，图 9.10 中实曲线的分布曲线是在相当高的温度下绘制的，当温度为室温时，实曲线会变成虚线的样子，可以看到，在导带和价带上几乎没有电子和空穴，想必这一点你应该已经明白了吧。

在这里你可能会有疑问："费米能级位于禁带中央，意味着电子填满了那里，但电子不能存在于禁带中，这不是矛盾吗"？确实，这看起来有些奇怪，但在这种情况下，可以认为费米能级是一个便于进行各种解释的虚拟能级，可以假想认为电子填满了那里，这样解释起来更方便易懂。

还有一个重要的事情是，从费米 – 狄拉克分布函数中减去 1 的部分，即第 8 章图 8.5 中空白部分，表示的是电子减少的部分，电子减少的量对应了空穴增加的量。正好说明在本征半导体中电子和空穴之间存在着互补关系。接下来，如果是 n 型半导体，由于包含了施主杂质并从中释放出电子，因此只有电子存在而没有空穴。

从电荷平衡的角度来看，带负电荷 ⊖ 的电子的数量和被离子化的带正电荷 ⊕ 的施主原子的数量是相同的，因此，此时的费米能级位于导带下端和施主能级的中间位置。也就是说，当掺入施主杂质时，费米 – 狄拉克分布函数会向上移动。在 n 型半导体中的费米能级如图 9.11 所示。换句话说，在 n 型半导体中，电子填充到施主能级附近。同理，在 p 型半导体中，受主能级位于价带的上方，于是就会有空穴存在于价带中。在 p 型半导体中的费米能级如图 9.12 所示。在这种情况下，由于空穴和被离子化的带负电荷的受主 ⊖ 的存在，费米能级位于受主能级和价带上端的中间位置，这就是图 9.12 所示的情况。对于空穴，我们使用图 9.12 中曲线的右侧。

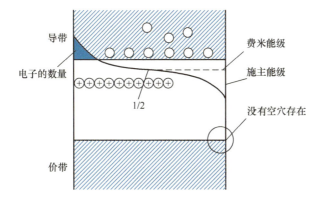

图 9.11 在 n 型半导体中的费米能级（室温的情况）

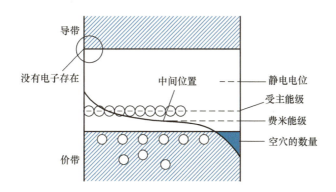

图 9.12 在 p 型半导体中的费米能级（室温的情况）

9.6 ▶ 当 p 型和 n 型半导体结合变成 pn 结时

我们已经了解了 p 型和 n 型半导体的能级状态。但是还有一个问题需要确定，那就是 n 型和 p 型半导体的电位。关于电位的一个约定是将费米能级作为基准，处于禁带的中央能级的位置就是该半导体的电位。

现在，让我们来看图 9.13 所示的 pn 结合的能带图，其中展示了 p 型和 n 型硅的能带图，这一能带图非常重要，因为在之后要讨论晶体管时也会经常使用，尽量将这个能带图牢记在心。

现在，让我们假设将 p 型和 n 型半导体结合起来，形成 pn 结。最重要的是，如第 8 章所述，确保电流不流动。为了实现这一点，能带会自然弯曲以形成阻止电流流动的电位（势垒）。在这种情况下，费米能级会变成一条直线。换句话说，如果半导体中的费米能级一致，电流就不会流动。这是一个基本原则，适用于任何情况。

相反，电位从 p 型半导体到 n 型半导体逐渐变化。为了使费米能级一致，半导体中的电位必须发生变化。这意味着在这里产生了内建势，之前提到过，这是为了阻止电子和空穴的流动。正如图 9.13 中所示，电子由于上坡而无法向右移动，而空穴由于下坡而无法向左移动（空穴总是试图上浮，因此下坡使空穴无法前进）。

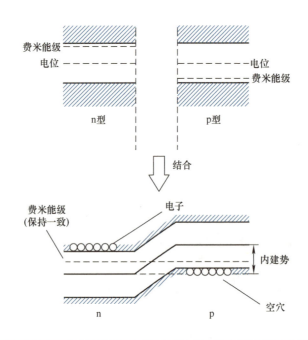

图 9.13　pn 结合的能带图（费米能级保持一致）

费米能级在这里起到了重要作用，反过来说，如果对半导体器件施加电压就是改变其费米能级。现在，让我们再从另一个角度来考虑费米能级。可以记住"费米能级是该物质的电位为 0 的点"。然而，需要注意的是，费米能级不是指从物质的外部观察时某个内部区域的电位为 0，而是指从能量的角度来看，该物质所处的电位为 0。

类似的例子是 A 公司的平均工资。一方面，如果计算该公司所有人的平均工资，这就是该公司经济标尺上的费米能级；另一方面，如果 B 公司生产与 A

公司完全相同的产品（如晶体管），但 B 公司的平均工资比 A 公司低得多，那么自然地，B 公司的员工会转投 A 公司，或在市场用工条件的调整下，最终两公司的平均工资（费米能级）可能会趋于一致。

正如之前提到的那样，当两种物质接触时，费米能级必然会一致，因此，在绘制 pn 结的能带图时，首先要将费米能级画成一条直线，然后再根据它进行进一步的绘制。

pn 结示意图如图 9.14 所示。pn 结的理想能带示意图如图 9.14a 所示，在结合部分呈现出缓慢的曲线。然而，实际的 pn 结合并不是从 p 型到 n 型如此缓慢地变化。实际上，如图 9.14c 所示，pn 结在几百埃到几微米的范围内急剧变化。能带图的曲线表示电压变化，这主要是由于 p 型和 n 型区域中的固定电荷（离子化的施主或受主）的数量有限，因此遵循了描述电压与电荷关系的泊松方程。 换句话说，由于从结合区域中电子和空穴被排斥，结合周围形成了一个不存在它们的区域，即耗尽层（Depletion Region），如图 9.14b 所示，这一耗尽层在能带图中对应于弯曲的部分。

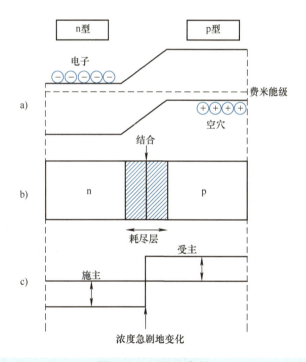

图 9.14　pn 结示意图

a）理想能带示意图　b）pn 结的结构示意图　c）pn 结的电场分布及载流子浓度变化示意图

作为费米能级的应用问题，我们来看一下晶体管。晶体管的结构如果为 pnp 型，我们绘制其能带图，就会得到图 9.15 所示的 pnp 晶体管的能带图。也就是说，各个部分的费米能级应保持一致，然后根据这一点绘制能带。这样我们就可以看到，发射极（Emitter）和集电极（Collector）都有内建势的产生。

关于 pn 结合中产生的电压，进行以下说明。如果费米能级分别接近于价带和导带，那么从图 9.15 中可以看出，大致相当于半导体的禁带宽度（能隙）。因此，不同半导体材料的 pn 结，会有不同的电压（内建势）。这个内建势大约是二极管特性中正向导通电压的 1.5 倍左右。因此，外界对二极管和晶体管施加的电压在接近这个内建势时，电流才会开始流动。对于硅来说，这个内建势大约是 1.2V，对于锗来说大约是 0.9V。因此，实际的二极管导通电压大约是硅为 0.7V、锗为 0.5V。

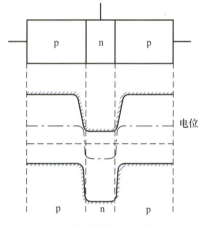

图 9.15　pnp 晶体管的能带图

9.7 ▶ pn 结和能带图

pn 结的能带图用途非常广泛。当我们研究半导体中的现象时，通常会查看能带图并进行思考。那么，让我们来考虑一下 pn 结的作用。

9.8 ▶ 整流作用

pn 结的最基本性质是其整流性，即将交流转换为直流的作用。换句话说，这种非线性性质是由于施加电压的极性不同而导致的电阻差异所产生的，pn 结具有单向导电性如图 9.16 所示。

图 9.17 所示为在正向偏置时，电子和空穴会不断地相互流动，显示了在 pn 结中对 p 型施加正电压的情况。为了便于理解，我们假设 n 型的电压为 0，仅对 p 型施加电压。

施加电压意味着在能带图中费米能级会相应地移动。需要注意的是，能带图主要考

图 9.16　pn 结具有单向导电性

虑电子的运动，因此施加的负电压越强，费米能级越向上移动。也就是说，施加正电压在图 9.17 中表现为费米能级向下移动，这可能有点难以理解，但如果考虑到电子的跃迁和落下，施加电压会吸引电子，因此在图 9.17 中，能带会向下移动，使电子更容易落下。

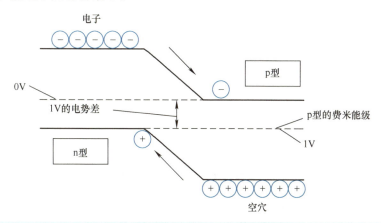

电子

p型

0V

1V的电势差

p型的费米能级

1V

n型

空穴

图 9.17　在正向偏置（对 p 型施加正电压）时，电子和空穴会不断地相互流动

从图 9.17 可以看出，电子和空穴之间的势垒已经完全消失，电子和空穴可以无限制地相互流动。这意味着半导体的电阻非常低，将这种情况称为正向偏置。结合处的电位差显示为中央区域的费米能级的偏移。

图 9.18 所示为在反向偏置时，作为多数载流子的电子和空穴不能越过势垒移动，只有由热能产生的少量电子和空穴会形成饱和电流，显示的是在 p 型施加负电压的状态。此时，p 型侧的能级会上升。由于势垒变得越来越高，作为多数载流子的电子和空穴都无法移动。因此，此时电阻很高，呈现出反向状态。除此之外，我们还可以了解到，在外界热作用下，p 型中产生少数载流子的电子，n 型中产生少数载流子的空穴，这些少量的电子和空穴由于势垒反向作用而容易流动。那些距离结合处较远的电子和空穴无法到达结合处，因此只有在扩散距离内（准确地说，只有那些在 pn 结附近的）的电子和空穴会形成电流，这种电流称为饱和电流。这种电流是非常微小的。

此外，当能带的弯曲增大时，弯曲部分（即耗尽层的宽度）也会扩展。通过描绘出电压和电流的关系，可以看出，图 9.19 所示为 pn 结的 $I\text{-}V$ 特性图。通过之前的能带图可以很好地解释图 9.19 中各个部分的状态。当你仔细观察 $I\text{-}V$ 特性图并能在脑海中浮现出所对应的能带图时，那就说明你已经很好地掌握了这方面的知识。

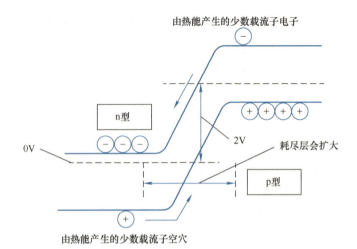

由热能产生的少数载流子电子

n型

0V

2V

耗尽层会扩大

p型

由热能产生的少数载流子空穴

图 9.18　在反向偏置（对 **p** 型施加负电压）时，作为多数载流子的电子和空穴不能越过势垒移动，只有由热能产生的少量电子和空穴会形成饱和电流

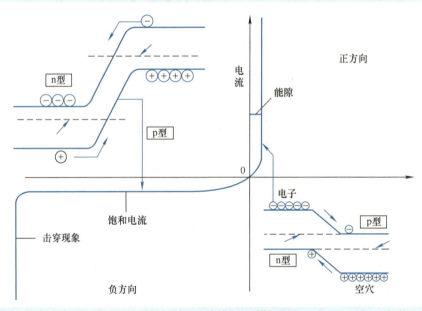

n型

p型

电流

能隙

正方向

0

电子

p型

n型

饱和电流

空穴

击穿现象

负方向

图 9.19　pn 结的 *I-V* 特性图

这种 pn 结直接作为整流二极管，广泛应用于各种领域。此外，pn 结还具有多种性质，应用于多种类型的二极管。

9.9 ▶ 击穿现象与齐纳二极管

在图 9.18 中，当反向电压增加时，会出现一个点，电流会突然开始流动，这被称为击穿电压。根据具体情况，击穿电压可以从几十伏到接近上千伏。为什么会发生这种现象呢？

请看图 9.20 所示的"为什么会发生雪崩击穿"，这是在反向施加非常高的电压的情况。同样如前所述，由热能产生在 p 型区域内的少数载流子的电子，会向 n 型区域移动。然而，在此情况下，由于施加了非常高的电压，这一能带的坡度变得非常陡峭，这种坡度也被称为电场强度。例如，当施加 100V 的反向电压，耗尽层的宽度为 1μm 时，此时的电场强度约为 10^6 V/cm，这是一个非常大的值。这种电场强度的情况下，即使在空气中也会发生放电现象，在半导体中会发生电子雪崩击穿。

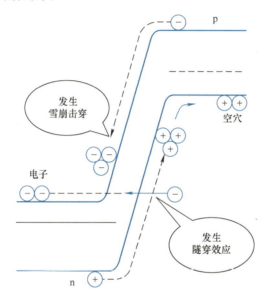

图 9.20　为什么会发生雪崩击穿

当高速的电子与原子碰撞时，束缚于原子的电子会由于强大的冲击力被打出并摆脱原子的束缚，同时留下一个空穴，被打出的电子和空穴又以极快的速度移动，再次撞击其他原子，生成更多的电子和空穴对。通过这种方式，电子数和空穴数像雪崩一样不断增加。于是，电子流向 n 型区域，空穴流向 p 型区域，形成电流，最终导致大量电流流动。这种现象被称为雪崩击穿（Avalanche Breakdown）。

另一种现象是 p 型价带中的电子（不属于自由电子）不越过势垒，而是穿过能带间隙到达 n 型区域，这就是隧穿效应（Tunneling Effect），如图 9.20 右侧所示。当施加足够高的电压时，能带的横向间隙会变窄，从而出现这种隧穿效应。

无论是雪崩击穿还是隧穿效应，pn 结的击穿现象都非常迅速地发生，因此会导致电流不断增加。这意味着在击穿现象发生时，pn 结两端的电压几乎保持不变。因此，这种电压被用作基准电压。为了这个目的而制造的二极管，被称为齐纳二极管（或稳压二极管），以发明者的名字命名。

齐纳二极管的击穿电压为 5 ~ 30V，即使将电流从 1mA 变化到 100mA，电压的变化也只约为 0.1V。当电压较低时，主要由隧穿效应起作用，而在硅材料中，当电压超过 7V 时，则会发生雪崩击穿。制作稳压电源时，齐纳二极管是必不可少的器件。

9.10 ▶ 隧道二极管

之前第 7 章提及的隧道二极管利用了隧穿效应的原理，但与齐纳二极管不同。隧道二极管的能带图和 *I-V* 特性图如图 9.21 所示，当 n 型和 p 型材料中掺杂了大量杂质时，n 型材料的费米能级进入了导带，而 p 型材料的费米能级进入了价带。此外，势垒的宽度变得非常窄，因此电子和空穴可以通过隧穿效应相互穿透，导致电阻变低。

第 7 章介绍的隧道二极管使用了相同的隧穿效应，但和齐纳二极管不同。图 9.21a 显示的隧道二极管的能带图中，如果 n 型、p 型的杂质都非常多，则费米能级在 n 型中进入导带、在 p 型中进入价带。而且，由于耗尽层的宽度变得非常小，电子和空穴因隧穿效应可以实现相互穿透，电阻会变小。

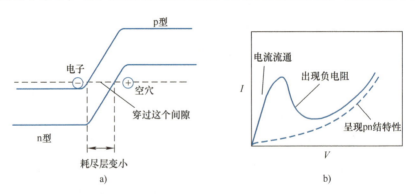

图 9.21 隧道二极管的能带图和 *I-V* 特性图
a）能带图 b）*I-V* 特性图

由于这些原因，隧道二极管的特性会出现"驼峰"（见图 9.21b），这种特性被称为负阻特性。在呈现 pn 结正向导通特性之前，会出现负阻特性，这是隧道二极管最大的特色。隧道二极管经常被用于计算机等设备中。

9.11 ▶ pn 结与光

接下来，当光照射到 pn 结时会发生什么呢？由于光具有能量，当它照射到半导体时，会在半导体中产生相同数量的电子和空穴。光照越强，产生的电子－空穴对就越多，这在 p 型和 n 型材料中都是一样的。

在这里，我们先确定外部电路的条件。首先，将电流表连接到外部电路，并使其处于短路状态，短路意味着电压为 0。因此，不会发生 p 型和 n 型半导体内费米能级的错位。

假设光照射到 p 型和 n 型半导体上，在 p 型和 n 型半导体中分别产生 3 个电子和空穴，光照时外部回路短路的情况如图 9.22 所示，从图中可以清楚地看到，n 型半导体中产生的空穴和 p 型半导体中产生的电子不会受到势垒的影响。因此，它们会很容易地流入对方的区域，形成电流并流向外部。而 n 型半导体中产生的电子和 p 型半导体中产生的空穴由于势垒的存在则无法移动。

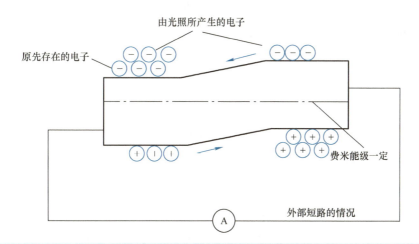

图 9.22　光照时外部回路短路的情况

接下来，当在外部电路中接入电压表时，由于光照，电子－空穴对同样会产生，但是由于外部电流无法流动，会发生什么呢？光照时外部回路断开的情况如图 9.23 所示，此时费米能级会发生错位，即势垒变低。对于电子来说，更容易从 n 型流向 p 型。因为 p 型中的电子和 n 型中的电子数量相同，从宏观上看，电流不会流动，处于某种平衡状态。实际上，费米能级这种自然错位可以通过外部的电压表测量。由此可见，在硅材料的 pn 结中，输出电压不可能大于能隙的电压（约为 1.2V）。

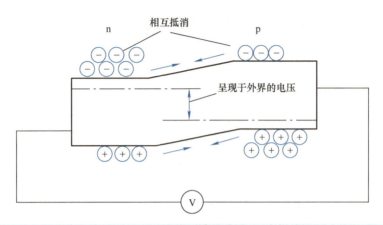

图 9.23　光照时外部回路断开的情况

接下来，当在 pn 结上施加反向偏压并用光照射时，会发生什么呢？此时，pn 结处于图 9.18 所示的反偏状态。由于光照所产生的载流子增加导致饱和电流增加，外部电流（漏电）会稍微增大，但是二极管本身的电阻仍然很高，因此通过连接高负载电阻可以获得相对较高的电压。

9.12 ▶ 太阳能电池和光电二极管

太阳能电池是一种利用太阳光直接发电的光电半导体薄片，如图 9.24 所示。为了尽可能多地收集光，太阳能电池通常具有较大的面积。只要有阳光，就可以随时获取电力，因此它们被用于海岛的灯塔电源和人造卫星的电源等。太阳能电池不会产生污染，因此作为未来的能源来源备受关注。随着成本的逐渐降低，它们也逐渐在普通家庭中得到应用。

光电二极管是一种能够将光根据使用方式转换成电流或者电压信号的光探测器。用于检测小信号的光电二极管如图 9.25 所示，通常使用相对较小的硅或锗的 pn 结。在某些情况下，光电二极管内部也可以构成一个晶体管。

图 9.24　太阳能电池

图 9.25　用于检测小信号的光电二极管

9.13 ▶ 发光二极管

当正向的电流通过 pn 结（对 pn 结施加正向偏压）时，大量的电子会进入导带。当这些电子再次落入价带并与空穴结合时，就会释放能量，这部分能量以光的形式被释放出来，因此 pn 结也会发光。然而，对于硅材料来说，这种发出的光是红外线，因此肉眼是看不见的。

为了产生可见波长的光，可以使用砷化镓磷（GaAsP）和磷化镓（GaP）等化合物半导体材料，这些材料制成的 pn 结二极管在施加正向电压为 1.5 ~ 1.8V 时会发出红光。如果掺入适当的杂质，还可以产生绿色和黄色的光。早在 20 年前，人们就已经能够制造出橙色、琥珀色、黄绿色和蓝色的发光二极管，甚至有些发光二极管可以发出两种或三种颜色的光。

普通发光二极管（Light-Emitting Diode，LED）如图 9.26 所示，它们没有灯丝，与白炽灯相比寿命更长、也更省电。此外，通过将多个发光二极管组合在一起，可以用于显示数字和文字（作为显示器），如用在计算器中。LED 数码管如图 9.27 所示，排列了 7 个小二极管来表示数字和字母，这种显示器被广泛应用于手表、收音机和汽车中控台等。

图 9.26　普通发光二极管

图 9.27　LED 数码管

9.14 ▶ 变容二极管

接下来，让我们考虑在 pn 结上施加反向偏压时耗尽层的扩展情况。耗尽层随电压的变化而变化如图 9.28 所示，低反向电压和高反向电压下，pn 结合处的能带弯曲方式不同。这部分没有可移动的载流子，可以看成是绝缘体。导体之间夹着绝缘体的这种构造，其实就是电容。而且这种 pn 结的结电容会随施加的电压变化，利用起来非常方便。

实际上，这种利用 pn 结之间电容可变的原理制成的半导体器件被称为变容二极管，广泛用于电视机和调频器中。与机械式调谐器相比，它们不易发生故障，只要触摸就能进行选台，也被称为触摸频道等。

当施加反向偏压时，耗尽层宽度的变化与其倒数成正比，这取决于结合处附近的杂质掺入方式。在通过合金法或外延法制造的阶梯状结合的情况下，pn结的电容与电压的关系为 $V^{-\frac{1}{2}}$，基于扩散法等的倾斜状结合的 pn 结的电容与电压的关系为 $V^{-\frac{1}{3}}$（关于制造方法将在后续章节中讨论）。无论哪种情况，增加电压都会减少电容。

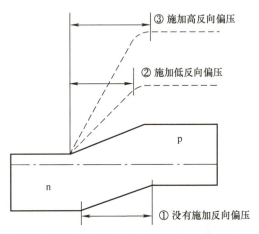

③ 施加高反向偏压

② 施加低反向偏压

p

n

① 没有施加反向偏压

图 9.28　耗尽层随电压的变化而变化

9.15 ▶ 注入效应和抽取作用

此外，pn 结还有两个重要的功能，即注入（Injection）和抽取（Collection），这两者在晶体管的工作中都是必不可少的。

首先，注入是指在半导体中注入少数载流子（如在 n 型半导体中注入空穴）。通过向 pn 结施加正向偏压，少数载流子会被注入半导体中。晶体管利用这种注入效应，将大量空穴从发射极结合处推入基极（对应 pnp 晶体管），这与图 9.17 所示的正向偏压时的状态相同。在这种情况下，特别是当需要大量引入空穴时，可以将 p 型半导体的受体浓度设定得相对较高，这样相较于 n 型半导体的施主浓度，电流的大部分将通过空穴来运输。

接下来，我们来考虑在晶体管中起重要作用的注入作用。载流子的抽取如图 9.29 所示，当 pn 结处于反向偏置状态时，如果在 n 型侧存在空穴（实际上是通过从左侧进行注入作用而引入的），那么这些到达结合处的空穴，将因其在结合处的急剧梯度（意味存在较大的电场），迅速掉落进入 p 型侧（在图 9.29 中表现为向上浮起）。

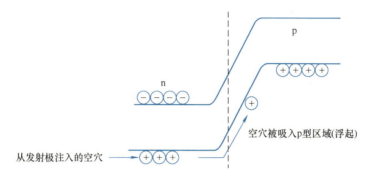

n

p

+ + + +

+

空穴被吸入p型区域(浮起)

从发射极注入的空穴 → + + +

图 9.29　载流子的抽取

换句话说，p 型半导体起到了"抽取"n 型半导体中空穴的作用，因此，这种状态被称为抽取效应。尽管说是"抽取"，但并不是将远离 pn 结的空穴吸引过来，而是指抽取到达结合处附近的空穴。从空穴的角度来看，就像这里有一个大洞。晶体管的集电极需要吸收从发射极注入基极的空穴，因此总是施加反向偏压。集电极的这种作用也被形象地称为"Sink"，即水槽。因为在水槽中使用的水会流向下方的排水口。对于电子而言，n 型半导体材料自然成为"Sink"。

9.16　▶ 热敏电阻和压敏电阻

作为半导体的两端子器件，有热敏电阻（Thermistor）和压敏电阻（Varistor）。其中，热敏电阻是由 Mn、Co、Ni、Fe 等组成的氧化物烧结而成的，也属于一种半导体，它利用了半导体的一个特点，即温度升高时电阻会下降。在性能良好的热敏电阻中，当温度变化约为 50℃时，其电阻可变化 3 ~ 5 个数量级，因此常用于调整电路的温度特性。此外，使用钛酸钡等材料的热敏电阻则相反，温度升高时电阻增加，被称为正温度系数热敏电阻。

用碳化硅（SiC）等粉末烧结而成的材料同样具有半导体特性，展现出类似于 pn 结反向偏置的特性，并表现出缓慢击穿现象，因此，它们被用于避雷器等设备，以在雷电等高电压情况下将电流引入接地。图 9.30 所

图 9.30　压敏电阻的外观

示为压敏电阻的外观。最近开发的新型压敏电阻是由各种金属氧化物混合而成，能够耐受大电流，其击穿现象也类似于齐纳二极管，因此开始被广泛使用，由于集成电路（IC）对电压特别敏感，因此这种特性优良的保护元件受到了越来越多的关注。

9.17 ▶ 压电效应和感压二极管

除了我们经常用到的电能之外，还有前面提到的磁能、热能、化学能、核能等。此外，还有压力和运动等所谓的"机械能"。将压力转化为电能的效应称为压电效应。已知半导体在受到压力或弯曲时，其电阻会发生变化。最近常听到的半导体拾音器就是利用这种压电效应将唱针的运动转换为信号。

这种被称为感压二极管的器件，不仅在半导体中掺入了普通杂质，还加入了铜等特殊杂质来形成 pn 结。这样一来，它对压力的敏感度非常高，即使轻微的压力也能使其电阻的阻值降低到原来的 1‰。因此，它被考虑用于各种应用，如开关和继电器，感压二极管如图 9.31 所示。

将硅片制成约 10μm 厚度时，气体压力的变化会使硅片轻微弯曲，从而改变其电阻。这种变化被巧妙利用，制成了压力传感器。

此外，半导体 pn 结对核能（放射线）也有感应特性，因此被用于核能电池和探测器。

图 9.31　感压二极管

9.18 ▶ 肖特基势垒二极管

如前所述，在 pn 结中注入电子和空穴，这些电子和空穴具有相对"缓慢"的特性。隧道二极管则没有这种现象，因此其动作非常快，但作为普通二极管使用时却不太方便。因此，有一种几乎没有注入效应的二极管，这被称为肖特基势垒二极管。

肖特基势垒二极管是通过将硅表面进行特殊清洁，然后在真空中蒸镀金属制成的。硅表面自然形成的弱势垒具有整流作用，虽然速度很快，但其反向电压最大不超过 150V，正向电压约为 0.5V，多被用于开关电源中。

1. pn 结是半导体器件的基本结构。

2. 在 pn 结中会产生内建势。

3. pn 结具有整流性、光电效应、压电效应等。

问题 1：制作 pn 结时，焊接是不行的，但如果仔细研磨两者的结晶并牢牢挤压，能作为 pn 结进行工作吗？

问题 2：在图 9.11 中，费米能级为什么会上升到导带附近？

9

第 10 章

晶体管的结构

到目前为止，我们已经研究了半导体中电子和空穴的运动方式及 pn 结的各种特性。这些详细的解释只有一个目的，那就是理解晶体管。虽然这是一段漫长的旅程，但现在我们终于要进入最后的主题——晶体管。

那么，让我们总结一下 pn 结的内容。将 p 型和 n 型半导体以单晶体形式连接，并从两侧引出电极，就形成了 pn 结。在结合部会形成电压的势垒，这个势垒会随着施加的电压而升高或降低。在这个势垒的斜坡上，电子和空穴会被推回或者滑入，表现出各种不同的运动方式。

10.1 ▶ 通过两个 pn 结形成晶体管

让我们来研究一下晶体管的结构。虽然在形状上并不十分相似，但为了便于解释其电气特性，进行了简化，晶体管模型如图 10.1 所示，两个 pn 结连接在一起，其中一个（中间部分）是两者的共用部分。晶体管基本上有两种类型：pnp 和 npn。pnp 晶体管主要使用空穴，而 npn 晶体管主要使用电子。

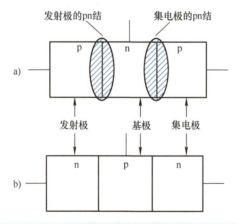

图 10.1　晶体管模型
a）pnp　b）npn

现在，我们只讨论 pnp 晶体管，因为 npn 晶体管的最终原理也是一样的。这个 pnp 晶体管中间部分的 n 区域称为"基极"，基极是整个晶体管动作的基础（不过这个名称源自于最初发明的点接触晶体管结构）。而且，基极不能太厚，如果太厚，空穴就无法通过。

正如之前提到的，空穴在 n 型材料中寿命较短，我们称之为寿命时间，在这个时间内，空穴必须穿过材料的厚度。通常，这个厚度为 $10 \sim 20\mu m$，对于高频晶体管来说，厚度可以达到 $5 \sim 10\mu m$，甚至在 $1\mu m$ 以下。

要考虑的一个问题是制作基极时要平且薄，这是设计中的关键。两侧较厚的部分分别称为发射极（注入部分）和集电极（收集载流子部分），这两个部分稍微厚一些也没关系，有些材料的厚度可以达到 2～3mm。发射极和集电极看起来相似，所以可以互换吗？除特殊情况外，不可以。这是因为发射极和集电极的电阻率（杂质浓度）不同，以便各自发挥性能。

接下来，我们必须从这三个部分引出导线。然而，硅和锗不能轻易焊接，我们需要使用特殊金属（锗的情况下是锡、镍等，硅的情况下是铝、金、镍）进行焊接。

另一个问题是基极的连接。发射极和集电极相对较大，因此连接导线比较容易，但基极的厚度只有大约 20μm，普通方法无法连接导线。有多种解决方案，从基极引出导线的技巧如图 10.2 所示，图 10.2a 展示了其中一个例子，即将基极扩大到可以连接导线的地方，然后再进行连接。

还有像图 10.2b 这样的类型。现在大约有 50 多种基本类型的晶体管，但所有这些类型在基极引出方面都面临很大困难，这也反映了晶体管发展的历史与技术的进步。

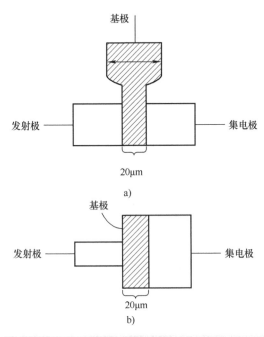

图 10.2　从基极引出导线的技巧（模型）

a）基极扩大型　b）基极延展型

10.2 ▶ 不能用导线直接连接制造晶体管吗

仔细观察图 10.1，可以看到有两个 pn 结。如果我们拿两个 pn 结，用短铜线像图 10.3 中那样连接，会发生什么呢？

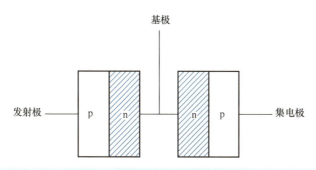

图 10.3　这样是无法成为晶体管的

这样是行不通的。如果晶体管这么容易制造，任何人都可以这样做。那么，为什么行不通呢？仔细考虑后，图 10.3 可以重新绘制成图 10.4 的样子。问题在于基极，实际上基极中有两种载流子在移动，即电子和空穴。因此，需要像图 10.4 中那样有两根独立的通道。仅用铜线连接无法提供这两种载流子独立移动的通道。

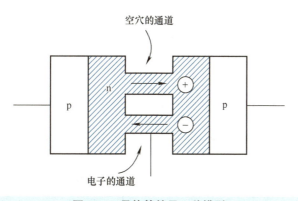

图 10.4　晶体管的另一种模型

这些通道实际上并不存在于晶体管中，而是一块单晶片。然而，考虑到电子和空穴在这块单晶片中的运动情况，可以将其视为图 10.4 中的两个通道，上面的通道仅供空穴通过，下面的通道仅供电子通过。真正的晶体管结构将在后续章节中讨论。

10.3 ▶ 晶体管的发明

晶体管是在 1947 年由三位美国物理学家肖克利、巴丁和布拉顿所发明的，据说他们在测量半导体表面的电压时得到了灵感，这是固体物理学的一项伟大成就。"晶体管"这个名字来源于信号传输（Transfer）和电阻（Resistor）的结合，这三位发明者后来获得了诺贝尔物理学奖，他们发明的晶体管如今已成为电气、电子学领域的主角，走在科学的最前沿。当然，他们自己也从未想到晶体管会发展到如今的地位。

晶体管发明初期的产品称为点接触晶体管，是通过将两根细针靠近并立在半导体上制成的，最初的点接触晶体管如图 10.5 所示。这种结构在机械上非常脆弱，稍微受到冲击就会损坏，非常难以处理。因此，晶体管给人留下了脆弱的印象。然而，后来随着结合型晶体管的出现，这种性质得到了极大改善，变得非常出色。

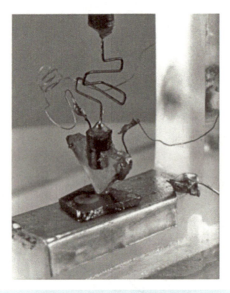

图 10.5　最初的点接触晶体管

10.4 ▶ 晶体管发射极的作用

那么，让我们回到晶体管各个电极的作用上来。首先考虑发射极，取出发射极和基极之间的结合（称为发射极结合），发射极的正向偏置如图 10.6 所示，这实际上是一个 pn 结。

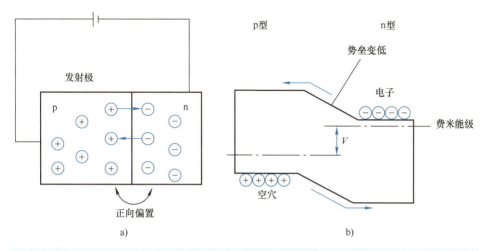

图 10.6 发射极的正向偏置

a）发射极结合处于正向偏置状态   b）势垒降低，载流子变得更容易流动

现在，让我们假设基极的厚度不是那么薄。当我们对发射极（p型）施加正电压，和对基极（n型）施加负电压时，会发生什么呢？你还记得吗？是的，这是正向偏置。因此，电阻会降低，电流会变大。

然而，在晶体管的情况下，设计得非常巧妙，发射极的电阻率较低，也就是说掺杂了大量杂质，而基极则只掺杂了少量杂质。实际晶体管的能带图如图 10.7 所示，发射极中充满了空穴，而基极中只有少量电子，空穴与电子的数量比大约是 100∶1。

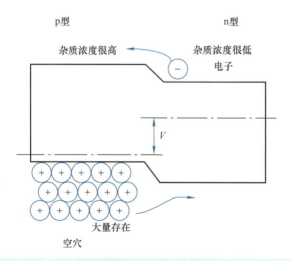

图 10.7 实际晶体管的能带图（电流主要由空穴传输）

这就像早晨通勤的地铁一样，即使地铁的上下行班次相同，通往市中心的地铁也会满员甚至超载，而通往郊区的地铁则空荡荡的。同样地，即使在发射极结合处流过 1A 的电流，空穴（向右流动）会承担 0.99A，而电子（符号为负，因此向左流动，但作为电流则向右）只承担 0.01A。从发射极进入基极的载流子占发射极电流的百分比称为注入效率（Injection Efficiency）。在上面的例子中，这个效率是 99%（或 0.99），当然，这个效率越接近 100%（或 1）越好。

在实际使用晶体管时，为了使晶体管正常工作，需要从发射极向基极中流入一个小的直流电流（称为偏置电流）。然后，将需要放大的信号（如声音电流或音乐电流）叠加在这个直流电流上。这样，这个偏置直流电流会根据信号的变化而增加或减少，因此注入基极的空穴数量也会根据信号的变化而增加或减少。

10.5 ▶ 晶体管集电极的作用

我们暂时不讨论进入基极后的空穴的运动方式，接下来我们研究一下集电极的作用。集电极的反向偏置如图 10.8 所示，图 10.8a 展示了集电极结合，图 10.8b 为其所对应的能带图。此时，如果在集电极（p 型区域）上施加 1V，在基极（n 型区域）上施加 10V，这个 pn 结将处于反向偏置状态，电阻会变高。在图 10.8b 中，势垒会越来越高。

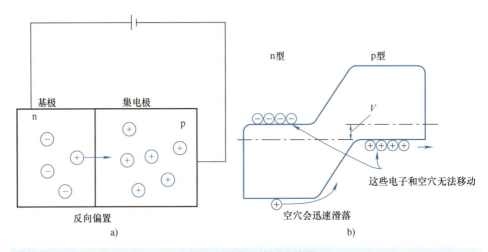

图 10.8 集电极的反向偏置

a）集电极结合　b）集电极结合的能带图（势垒变高）

虽然有这个势垒存在，但并不意味着载流子总是会被阻止，电流不会流动。如图 10.8b 所示，如果空穴从 n 型区域（基极）过来，由于这个斜坡是一个陡峭的下坡，因此空穴会迅速滑落（对于空穴来说是浮升）并被 p 型集电极所吸收。

此时，由于存在势垒，n 型基极中的电子无法进入集电极，被集电极吸收的空穴最终会有序地将最右侧的空穴推出，从而使外部电路中产生电流。

因此，集电极结合具有吸收载流子的作用，这就是为什么它被称为集电极的原因。集电极的电阻率不需要像发射极那样低，可以根据晶体管的制造方式调节其电阻率。

10.6 ▶ 晶体管基极的作用

发射极推动载流子，集电极吸收载流子，接下来就是研究载流子在基极中的运动情况，这个问题将在下一章中详细探讨。

你可能已经注意到，在真空管中，电子从加热的阴极发射出来，这些电子最终到达阳极。阴极和阳极之间还存在一个栅极。因此，晶体管和真空管如图 10.9 所示看起来非常相似。当然，由于一个在真空中，另一个在固体中，它们的实际情况有很大不同。

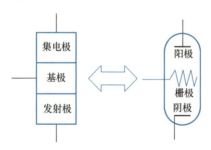

图 10.9　晶体管与真空管

晶体管自发明以来已 70 余年，其发展令人惊叹。作为一种"古老"的器件，应用场景可能也不如金属 – 氧化物 – 半导体场效应晶体管（后面的章节会介绍）广泛，但是几乎所有半导体器件的原理都源自于它，可以毫不夸张地说，晶体管是半导体器件的基石。晶体管发展到如今的水平，已开发了大量技术，这些技术都是以前没有的新思路，并不属于传统的电气、机械、金属、物理、化学等领域。然而，这些技术并非完全不同，如果没有自然科学各个领域的支持，它们也无法取得成功。

1. 使用两个 pn 结就能制成晶体管。

2. 基极的厚度为微米级。

3. 发射极、集电极都起着重要作用。

问题 1：点接触晶体管是如何放大的呢?

问题 2：现在的小型晶体管是如何引出引线的呢?

第 **11** 章

晶体管的工作原理

我们已经学习了关于电子和空穴、能带、费米能级等半导体的相关知识，那么接下来，我们将利用这些综合知识来研究晶体管的工作原理。

11.1 ▶ 从发射极注入空穴

图 11.1 显示的是一个晶体管的模型。从左到右分别是发射极（E）、基极（B）和集电极（C）。在这里，为了方便讨论，我们考虑 pnp 晶体管。

首先，只关注发射极。此时假设基极部分比较厚，为 1mm。虽然发射极的厚度与晶体管的工作关系不是太大，但我们也假设其厚度为 1mm。

图 11.2 是我们熟悉的在不施加电压时，发射极的能带图。发射极中有空穴，基极中有电子，由于势垒的存在，它们各自积累而不能移动。仅从能带图中无法明确知道电子和空穴的数量。因此，我们通过图 11.3 所示的发射极和基极内载流子的数量分布，具象化各个部分载流子的数量。假设发射极中每立方厘米有 10^{20} 个空穴，基极中每立方厘米有 10^{17} 个电子，电子的数量比空穴的数量少得多，也就是空穴数是电子数的 1000 倍。在这种情况下，对数刻度非常方便。对数刻度上，1000 倍也只需偏移 3 个刻度。如果觉得 10^{20} 和 10^{17} 难以理解，可以将其视为 1000 个（10^3）对 1 个。这些数量是可以增加或减少的。这是因为在制造晶体管时，通过掺入的杂质原子的数量，可以非常精确地控制空穴或电子的数量。

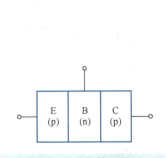

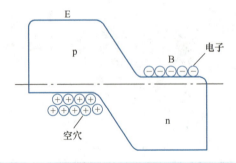

图 11.1　晶体管的模型　　　图 11.2　发射极的能带图（施加电压为 0 时）

现在，发射极的掺杂浓度是 $10^{20}/cm^3$，而基极的掺杂浓度是 $10^{17}/cm^3$，所以发射极的掺杂浓度要比基极高得多。因此，在制造晶体管时，不能先制造发射极再制造基极。我们总是先制造掺杂浓度较低的部分，就像从淡盐水可以得到浓盐水，但反过来却不行一样。因此，正确顺序是先制造基极，然后再制造发射极。

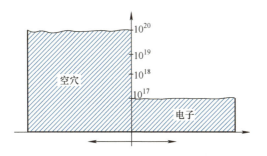

图 11.3　发射极和基极内载流子的数量分布

那么在发射极 – 基极之间，对发射结施加正向偏压，当基极为 0，发射极大约为 0.5V 时，空穴和电子相互流动的示意图如图 11.4 所示，空穴会流入基极，而电子则相反地流向发射极。关于施加正向偏压时的能带图，可以参阅之前的内容。

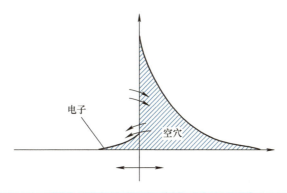

图 11.4　空穴和电子相互流动的示意图

再重点提示一下，发射极中的空穴数是基极中的电子数的 1000 倍，所以电子和空穴的数量（每立方厘米）在基极和发射极之间的流动比例也是 1000∶1。由于从基极流入发射极的电子数量非常少，我们可以忽略不计，只关注空穴即可。

一开始我们将杂质浓度设置为 1000∶1，其实就是为了这个目的。如果杂质浓度的比例是 1000∶1，那么发射极中的空穴数量和基极中的电子数量的比例也会是 1000∶1，这样就可以将足够多的空穴注入基极中。实际的晶体管也是按照这个比例（也被称为注入效率）制造的，通常为 1000∶1 ～ 10000∶1。

11.2 ▶ 基极中注入空穴的运动方式

那么，被注入基极中的空穴是如何运动的呢？这是一个非常重要的问题，因为它几乎决定了晶体管的特性。大家也可以想一想，早晨通勤地铁上的乘客被推挤出来，盲无目的地走到"地铁站前的广场"上，他们会采取什么行动呢？空穴确实没有目的地，就好像是被推出来了。

目的地……这在半导体中有时也存在。电场就是一个例子，但这是特殊情况。那么，为什么我会在这个时候谈论有无目的地这样奇怪的事情呢？因为空穴进入基极的状态与半导体中（存在电场的情况下）电流的流动情况有很大不同。没错，空穴在 n 型的基极区属于少数载流子（Minority Carrier）。我们将基极视为 n 型半导体，通常情况下，由于电子密集，这里电子是多数载流子，而空穴是少数载流子。

假设现在你是一个空穴，也就是说，你带有电荷，当你刚出地铁站，远处看到了百货商店。换句话说，这时百货商店相当于一个负电压，因此你自然会朝那个方向走去。这是由于静电吸引力自然导致的。之前提到"没有目的地"是什么样的情况呢？这意味你失去了电荷，失去了去某个地方的意愿。为什么会发生这种情况呢？这是由于电子的中和现象。

在基极的"地铁站前的广场"上，存在大量电子。进入基极的空穴数量通常少于基极中的电子数量。实际上，注入的空穴数量少于电子数量是一种假设，称为低水平注入状态。这样，理论变得相对简单，形式也很整洁。如果注入量增加，就会变成高水平注入状态，就需要进行各种修正，比较麻烦。实际上，除了功率晶体管外，大多数信号晶体管都在低水平注入或小信号的状态下工作。

因此，当你带着电荷走到"地铁站前的广场"时，就会立刻像被拉客一样被徘徊在周围的电子抓住，其中一个会迅速地靠在你的肩膀上。虽然这听起来有些不舒服，但不会对你造成任何伤害，所以不用担心。这样一来，你在电气上就变成了"盲人"，也就是说，你被中和了。

失去电荷的空穴不再是带电粒子，而只能作为普通粒子运动。这里所说的粒子，是指失去电荷作用的空穴，换句话说，也可以认为是裸空穴。那么，这些粒子会如何运动呢？

回到"地铁站前的广场"，想象一下你们失去电荷后，越来越多的人从地铁站涌出。虽然大家没有明确的目的地，但经过短暂的思考后，会朝各个方向散开。靠近地铁站的人数最多，越远离地铁站，人数越少。这就是所谓的扩散

（Diffusion）现象。

　　例如，将基极视为一个容器，从发射极向其中倒入沙子，扩散现象如图 11.5 所示，沙子总是自己形成斜坡滑落，沙粒的数量在左侧较多，随着时间的推移，分 4 个阶段，向右移动逐渐减少。这样，空穴可以逐渐向前移动。然而，在这个过程中有几个需要考虑的问题。其中之一是速度，当电流在半导体中流动时，其速度与光速相同，这一点已经讨论过了，然而，当空穴通过扩散移动时，由于每个空穴都是单独移动的，所以速度会显著减慢。这个速度的快慢由扩散常数（Diffusion Constant）来表示。表 11.1 显示了锗和硅中的电子和空穴的扩散常数 D_p。扩散的速度是扩散常数与浓度梯度的乘积。

$$D_v = \frac{D_p \mathrm{d}c}{\mathrm{d}x} \tag{11.1}$$

式中，D_v 为扩散速度；D_p 为扩散常数；$\frac{\mathrm{d}c}{\mathrm{d}x}$ 为浓度梯度。

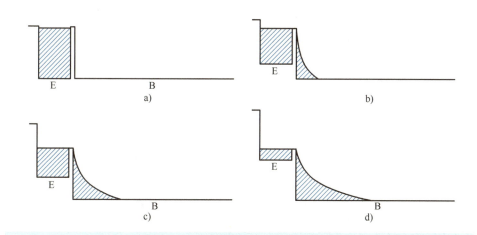

图 11.5　扩散现象（如同倒入沙子）
a）阶段 1　b）阶段 2　c）阶段 3　d）阶段 4

表 11.1　锗和硅中的电子和空穴的扩散常数 D_p　　　　（单位：cm²/s）

类型	电子	空穴
锗	100	47
硅	58	19

　　如果在宽度为 1mm 的基极中，有 1000 个空穴会在 1mm 内消失，那么在 1cm 内会有 10^4 个空穴。根据式（11.1），利用表 11.1 中的扩散常数，得到

$47\mathrm{cm^2/s} \times 10^4/\mathrm{cm} = 470 \times 10^3\mathrm{cm/s} = 4700\mathrm{m/s}$，即每秒 4700m。这与光速（约为 $3 \times 10^8\mathrm{m/s}$）相比，差距巨大。因此，在这种条件下想要制造高频信号的晶体管是比较困难的。

11.3 ▶ 载流子的扩散距离

在扩散过程中，另一个重要参数是扩散距离（Diffusion Distance）。之前提到过，当空穴会被电子包围，会被"中和"。而这些变得"盲无目的"的空穴，实际上并不能长时间保持这种状态。因为空穴本质其实是电子的缺失状态，因此这两者很容易相互结合在一起而消失掉。

但是即使空穴被电子所包围，还能够保持在一起不被中和，是因为即使空穴受到了电力的吸引，但彼此间的这种相互作用力非常微小，所以很少会发生相互碰撞。这种空穴和电子间的结合（Recombination）通常是通过一些被称为陷阱（Trap）的方式进行的。陷阱就像捕捉动物的陷阱，可以想象成是一个空穴。如果某些金属（如金、镍、铁、铜等）在半导体中溶解，那么在这些原子附近，空穴会变得非常容易被吸引。就像这些原子在路径周围张开了网，空穴便会被捕获。接下来到这里的电子也会被这个陷阱吸引进去，因为里面已经有空穴被捕获了，所以它们很快会在此结合，二者都会消失。

从另一种角度来看，这就像是在咖啡店里，空穴先进入，然后电子再进来并结合的机制。当半导体的晶体质量差时（晶体内缺陷较多），陷阱就会增多，结果是空穴无法长时间生存。空穴只能在有限的时间内被电子包围而生存。这段时间被称为寿命时间，这一点之前已经提到过。寿命长短与晶体质量有关。高质量的晶体中，寿命时间可以达到 1ms，而在质量较差的情况下，则寿命时间可能跌至 1μs 左右。

如果空穴在进入基极后立刻消失，那就毫无意义了，因此我们需要研究空穴能够在基极中扩散多远。扩散距离（在这里记作 L_p）通常用式（11.2）表示。

$$L_\mathrm{p} = \sqrt{D_\mathrm{p}\tau_\mathrm{p}} \qquad (11.2)$$

式中，D_p 为扩散常数（之前提到的）；τ_p 为寿命。现在假设 $\tau_\mathrm{p}=100\mu\mathrm{s}$，由表 11-1 可知，$D_\mathrm{p}$ 为 $47\mathrm{cm^2/s}$，那么可以计算出

$$L_\mathrm{p} = \sqrt{47\mathrm{cm^2/s} \times 10^{-4}\mathrm{s}} = \sqrt{47} \times 10^{-2}\mathrm{cm} \approx 0.07\mathrm{cm} = 0.7\mathrm{mm}$$

也就是说，空穴在基极中能够扩散约 0.7mm 就会消失。由于晶体管需要利用基极中的这些扩散空穴，因此在空穴数量减少之前，必须及时捕获这些空穴。因此，实际情况下，晶体管的基极厚度通常低于 20μm，而高频晶体管等则会制作得更薄，为 0.5 ~ 1.5μm。

11.4 ▶ 救出空穴

让我们来考虑一下 pnp 晶体管中的发射极和基极。基极中的空穴会逐渐消失如图 11.6 所示，当在发射极和基极之间施加正向偏置电压时，空穴会从发射极流入基极。空穴在基极中充满电子的环境中不会存在很长时间。正如图所示，随着距离发射极结越来越远，空穴逐渐消失。空穴的存活时间称为寿命时间，而在消失之前能运行的距离称为扩散距离。这些概念我们已经讨论过了。

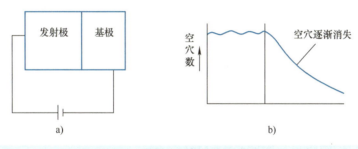

图 11.6　基极中的空穴会逐渐消失
a）发射极和基极之间施加正向偏置电压　b）空穴在基极中的运动

实际上，如果这些空穴消失了，就没有任何意义了（这一点和二极管一样）。在晶体管中，我们必须设法将这些即将消失的空穴"解救"出来。

这个解救空穴的部分就是集电极。集电极再次由 p 型半导体制成，因此集电极中充满了空穴。如果外部的空穴进入集电极，在集电极的另外一侧，可以作为电流通过导线流出。这部分与电线的导电机理完全相同，因此不必担心空穴会在集电极内消失。

如果将这种状态比作游泳，那就像是必须游到泳池的另一边一样。对于初学者来说，游泳过程中充满了痛苦，一旦到达对面的池壁，就会感到松一口气。对于人来说，对边的泳池墙壁就像是 p 型的集电极。如果如此痛苦，你可能会认为不如不要跳入水中。但事情并非如此，因为在岸边会有人推你下水。在晶体管中也是一样，正向偏置电压的作用自然会将空穴推入基极。

如果我们用一场接力赛来比喻，那么晶体管的工作原理就像是在接力赛中传递接力棒。在这场比赛中，每个选手都希望能够顺利地将接力棒交给下一个选手，而不是掉棒或者失误。在晶体管中，电子就像接力棒，需要从发射极（起跑点）传递到基极，然后再传递到集电极（终点）。

假设有 100 个选手参加接力赛，怎样才能确保每个选手都能顺利地传递接力棒，让整个队伍以最佳状态完成比赛呢？答案很简单：缩短接力区的长度，让选手之间的距离更近，这样传递接力棒时就会更加准确和迅速。

同样地，在晶体管的情况下，为了确保电子能够高效地从发射极传递到集电极，我们需要做的是缩短发射极和集电极之间的距离。只需像缩短接力区一样，将集电极不断地靠近发射极就可以了。如果假设有 100 个电子需要传递，通过缩短发射极和集电极之间的距离，我们可以确保它们都能顺利"接力"，从而提高晶体管的效率和性能。

前面我们也提到过，空穴扩散距离为 50～100μm。然而，如图 11.7 所示的指数分布，空穴扩散距离指的是空穴数量从 100 个减少到约 40 个时的距离。

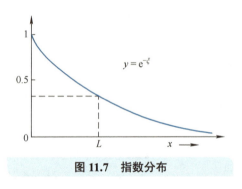

准确来说，当把图 11.7 中这条下降曲线假设为指数函数时（自然现象也大多像这样的指数递减），定义空穴已减少到 37% 的距离。因此，无论将集电极靠得多近，100% 的回收都是不太可能的。基本上，晶体管能达到 95%～99% 的回收率。

图 11.7　指数分布

当实际制造晶体管时，尤其是在晶体管发展的早期，最多只能做到 30μm 左右。然而，随着技术逐渐进步，基极厚度也变成了 20μm、10μm，甚至 5.4μm。现在，高频晶体管中出现了基极厚度仅为 0.5μm 的产品，这个厚度真是我们难以想象的薄。然而，为了完成这个目标，花费了 10 年的时间、数百亿的研究费用，以及成千上万名技术人员的努力。

目前，我们主要使用的合金晶体管的基极厚度为 5～15μm。这种空穴的回收率被称为传输效率为 95%～99%。这种效率影响到晶体管的直流电流放大系数（h_{FE}），并且对高频特性（$1/fT$）也有很大影响，所以高频晶体管的厚度较小。

11.5 ▶ 集电极就像"水槽"

截至目前，我们已经知道了，通过尽量将集电极靠近基极，可以有效地"解救"分布在基极中的空穴。那么，在集电极内又会发生什么呢？让我们先尽量不使用能带图来思考这个问题。

集电极可以想象成厨房的水槽，水槽内有一个洞，通过这个洞，水会被吸走，并且永远不会被填满。

图 11.8 所示为集电极的吸取模型。如图 11.8a 所示，若有一个足够大的容器（如水槽），最左侧的水会不断积聚。使用沙子的话，情况也是相同的。因此，如果没有这个水槽，沙子会不断地落下来，如图 11.8b 所示（这与图 11.7 所示的情况其实是一样的）。但是，如果安装了水槽（集电极），如图 11.8c 所示，沙子的数量在那个点（集电极）会变为 0。晶体管中，空穴的情况也是完全相同的，在集电极结合处，空穴的浓度始终为 0，请记住这一点，这是非常重要的。

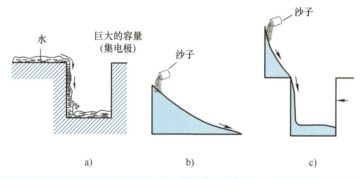

图 11.8　集电极的吸取模型
a）有水的情况　b）有沙子且没有集电极时（呈指数函数变化）
c）有沙子且有集电极（呈直线变化）

11.6 ▶ 基极中电流的流动方式

那么，从这个角度来看，在基极中电流的流动方式与普通的多数载流子（p 型中的空穴，n 型或金属中的电子）的流动方式有很大不同。简而言之，是因为注入的少数载流子在传导电流，这种流动方式是通过扩散实现的。扩散是指任何集中分布的物质会扩散开来，散布到更广的区域。这是一种自然现象，随时随地都会发生。

那么，在扩散过程中，电流是如何流动的呢？

扩散电流 = − 电荷 × 常数 × 空穴的梯度 = −qD_p× 空穴的梯度　　　（11.3）

式（11.3）看起来可能有些复杂，但其实是一个非常容易理解的公式。可以想象，电流越强，空穴的梯度越陡。在图 11.8b 和图 11.8c 中，自然是图 11.8c 中的电流更强。

然后为了将这个强度转化为电流，必须乘以电荷量 q，并且还需要乘以一个常数 D_p（扩散常数），以便将这些值与电流的单位相一致。

与晶体管相关的公式大多可以用相对基本的理论进行解释。图 11.9 所示为在基极中，空穴的梯度为 $−P/W$。如图 11.9a 所示，将基极的宽度记为 W，发射极的空穴浓度记为 P，则其斜率为 $−P/W$，因此，电流为

$$I_p = qD_p P / W　　　　　　（11.4）$$

在图 11.9a 中，P/W 是直线，因此是恒定的，也就是说空穴电流是恒定的。因此，如果空穴在传输过程中几乎不消失，那么结果就是一条直线；但如果空穴在传输过程中有一定程度的消失，就如图 11.9b 所示，会形成曲线，此时需要对该曲线进行微分。

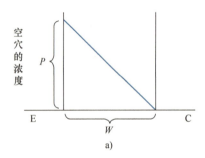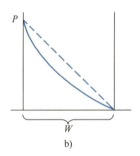

图 11.9　在基极中，空穴的梯度为 $−P/W$

a）空穴在传输过程中几乎不消失　b）空穴在传输过程中有一定程度的消失

在晶体管的情况下，式（11.4）中的 q 和 D_p 已经通过各种实验得到了验证。此外，W 也可以被测量，P 与发射电压相关。当这些参数逐步引入时，最终可以得出晶体管的 I-V 特性，从而设计出晶体管放大器。

实际上，进行更多这样的计算，可以进一步理解晶体管的行为，但这可能会更加趋近于数学。因此，当大家有兴趣时，可以参考一些数学相关的图书来学习这些基本概念。回归基本理论对于理解事物是非常重要的。

11.7 ▶ 晶体管整体的电流流动方式

虽然我们已经了解了基极中的电流流动方式,但作为整体的晶体管,电流是如何流动的呢?让我们再看看 pnp 晶体管。

请看图 11.10 所示的晶体管内部的电流流动方式。假设现在发射极中有100mA 的电流流过。由于发射极的连接线是金属,因此电流主要由电子传导。图 11.10 中的粗线箭头表示由电子传导的电流,细线箭头表示由空穴传导的电流。

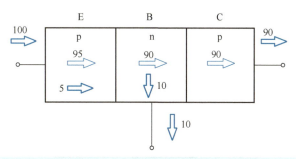

图 11.10　晶体管内部的电流流动方式(以 pnp 晶体管为例,粗线箭头表示电子电流,细线箭头表示空穴电流,数字的单位为 mA)

在发射极(半导体部分)与引线连接的部分(即半导体与金属接触的部分),由于在金属中只能流动电子,而在发射极(p 型)中只能流动空穴,因此在接触部分的电子和空穴会相互交替。然而,流经发射极的电流并非全部由空穴传导,其中 1% ~ 5% 的电流由电子负责传导。这是由于注入效率的影响,实际上是从基极流入的电子。

在基极中,少量的空穴会消失,这意味着它们与电子交换。这些电子形成的电流流出基极,大约是 10mA。剩下的空穴进入集电极后,会直接变成电子流出,这相当于 90mA。换句话说,发射极的电流有一部分被分流到集电极和基极。

在这里有一个比较棘手的问题。那就是,由于电子带有负电荷,它们的运动方向与电流方向相反。因此,重新绘制图 11.10,将其改为表示电子和空穴本身的运动方式,即图 11.11 所示的电子和空穴的实际流动方式。如果仔细观察并能够在脑海中想象电子和空穴的流动,那么你就成功掌握了这方面的知识。

之前讨论的是 pnp 晶体管,现在让我们考虑 npn 晶体管。从外部电流来看,其表现为图 11.12 所示的 npn 晶体管内部的电流流动方式。可以完全按照与 pnp 晶体管相同的方式进行理解。那么,让我们回到图 11.12 重新思考一下。假设流入发射极的电流为 100mA,但实际上这个值可以是任意的,这些数字代表了各自电流的百分比。因此,发射极电流的 10% 流向基极,90% 流向集电极。

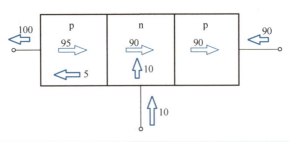

图 11.11　电子和空穴的实际流动方式（粗线箭头表示电子电流，细线箭头表示空穴电流，数字的单位为 mA）

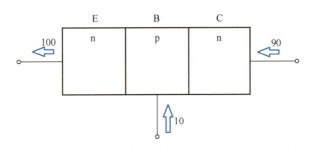

图 11.12　npn 晶体管内部的电流流动方式
（粗线箭头表示电子电流，数字的单位为 mA）

顺便提一下，虽然这样的电路可能仅通过连接电阻就可以实现，如果这样，晶体管将变得不必要了。那么，其中本质的区别在哪里呢？

在图 11.10 中，所有的电流关系都是相互关联的，没有哪个电流先流过。因此，当基极中流过 10mA 的电流时，发射极中会流过 100mA 的电流，集电极中会流过 90mA 的电流。这一点与只通过电阻来控制电流是完全不同的。

为什么会发生这样的情况呢？一种解释方法是其根本原理在于，基极中的电流流动是由于少数载流子存在的原因。基极中空穴消失的部分需要通过外部电流（基极电流）来补充，从而决定从发射极进入的电流。

这一部分非常重要，也较为复杂，因此将通过多种方法进行解释，以帮助大家逐步理解。另一种解释方法是将晶体管分为两个回路，图 11.13 所示为将晶体管分为两个部分进行考虑。由于基极是共用的，因此基极中会流过两种电流。首先在发射极 – 基极间流入发射极电流 I_E。这个电流 I_E 会直接流入基极回路，因为空穴被注入时，与空穴中和的电子也会流入基极。因此，在这种情况下，空穴更像是没有电荷的空壳粒子，而不是携带电荷的载流子。

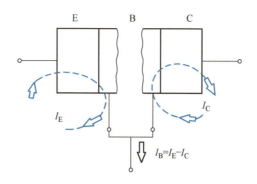

图 11.13　将晶体管分为两个部分进行考虑

当这些空穴到达集电极时，它们会变成集电极电流。然后在集电极 - 基极电路中流过电流 I_C。然而仔细观察，会发现基极引线中的 I_E 和 I_C 方向相反。因此，基极电流 I_B 是二者叠加的结果，是非常小的电流。

回到最初，观察基极电流和集电极电流，可以看出，对比 10A 的基极电流，集电极流过的电流是 90A。这意味着注入基极的电流被放大了 9 倍，电流得到了增加（放大）。关于放大的内容，会在下一章详细解释。在晶体管中，除了电流的放大外，晶体管还存在通过输入阻抗和输出阻抗之差进行的放大，即电压放大。常用的共发射极配置中，电压和电流的两种放大都被使用。

然而，为了使以上的解释成立，发射极和集电极需要分别施加正向偏压和反向偏压，这也是 pnp 晶体管和 npn 晶体管中电流方向不同的原因。

11.8 ▶ 场效应晶体管

在这里，我们也简单介绍一下目前应用比较广泛的场效应晶体管（Field Effect Transistor，FET）。之前我们讨论的晶体管，可以说都是通过电子和空穴的双重作用来工作的，即电流驱动型，例如，在 npn 晶体管中，由于电子被注入充满空穴的基区中，从而实现了放大功能，这种晶体管也被称为双极晶体管。

除此之外，还有一种工作原理完全不同的单极型晶体管，即场效应晶体管。特别是金属 - 氧化物 - 半导体场效应晶体管（MOSFET），它也是一种单极型晶体管，为电压驱动型。场效应晶体管的模型如图 11.14 所示。例如，在 n 型硅棒中形成 p 型区域，并在栅极施加负电压时，会形成图 11.14 所示的耗尽层。由于耗尽层是高阻抗区域，电流只能通过下方的狭窄通道流动。当改变栅极电压时，正如第 9 章中所解释的那样，耗尽层的厚度会发生变化，最终导致通道的电阻发生变化，从而实现放大功能。

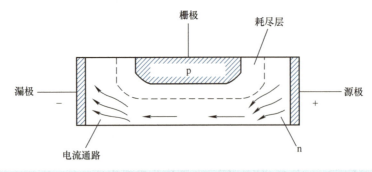

图 11.14　场效应晶体管的模型

FET 的栅极，正如其名，起到了"门"的作用，所以也被称为"门极"，主要作用是控制电流通道的收缩或扩展。因此，FET 的工作原理更接近于真空管，而不是双极晶体管。

由于 FET 的制造工艺比双极晶体管更为复杂，因此价格稍高。但由于其可实现输入阻抗高、噪声低等优点，FET 被广泛应用于立体声前置放大器等设备中。此外，功率型 FET 由于音质优异，类似于真空管，也被更多地用于主放大器中。

11.9 ▶ 晶闸管

到目前为止，我们已经讨论了二极管和晶体管。二极管和晶体管的区别在于，二极管由 p 和 n 两层组成，而晶体管则由如 npn 的三层组成。那么，如果将结构扩展为 pnpn 四层，会发生什么呢？实际上，这种 pnpn 四层结构就是被称为晶闸管（Thyristor）的元器件，它具有非常有趣的电气特性。晶闸管的构造与电气特性如图 11.15 所示，晶闸管有 3 个端子，各个端子分别被命名为阳极、阴极和栅极，这与 FET 有些相似。

接下来，我们考虑阳极和阴极之间的 I-V 特性。如图 11.15b 所示，当阳极施加正电压时，电压会先升高到一个较高的值，然后突然回落到一个较低的值。这种特性与隧道二极管类似，被称为"负阻特性"（这里需要注意的是，隧道二极管是电流型，而晶闸管是电压型）。此时，如果在栅极中通过极小的电流，这种负阻特性就会消失，如图 11.15b 中虚线所示。阳极和阴极之间的阻抗会变得非常低，从而允许大电流通过，根据应用场景的不同，通过的电流甚至可以达到 1000A 以上。

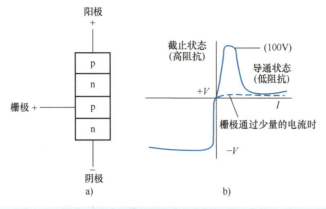

阳极
+

栅极 +

阴极
-

a)

截止状态
(高阻抗)

(100V)

导通状态
(低阻抗)

+V

I

栅极通过少量的电流时

-V

b)

图 11.15　晶闸管的构造与电气特性

a）晶闸管的构造　b）晶闸管的电气特性

　　这种工作原理使得晶闸管可以在两个端子（阳极和阴极）之间的阻抗高低变化中实现开关功能，而控制这个开关状态的就是栅极电流。在晶体管中，电流放大系数通常为 50～200，而在晶闸管中，这个值要大得多，整个元器件会被载流子充满，从而实现快速导通。

　　晶闸管有许多种类，如没有栅极的 pnpn 开关、具有双向特性的三端子双向可控硅，以及具有两个栅极的元器件等，它们被广泛应用于电源控制等场合。

第 11 章　知识要点

1. 发射极的注入效率非常重要。
2. 需要在基区中的空穴消失之前将载流子抽取出来。
3. 基极中只通过少量电流。

第 11 章　练习题

问题 1：高水平注入状态是指什么样的状态？

问题 2：如果锗的 p 型区中注入的电子的寿命时间为 1ms，那么这些电子的扩散距离大约是多少？

问题 3：如果硅晶体管的基区中注入的空穴浓度为 $10^{15}/cm^3$，基区厚度为 10μm，那么通过的扩散电流大约是多少？

第 12 章

晶体管放大的原理

　　在讨论晶体管的放大作用之前，我们先来讨论一些基本的概念，那就是"放大作用"。如果我问大家："晶体管和真空管为什么重要"？大家可能会回答："因为它们能放大信号"。没错，正是如此。

　　在收音机、电视机等的电子电路中，真空管和晶体管似乎总是占据重要地位。它们比电阻器、电容器和电感器显得更加"高大上"，可以说是电路中的"精英"。价格方面，晶体管通常比电阻器贵 10 ~ 50 倍。因此，当大家尝试制作某些电路时，往往会尽量减少晶体管的使用数量，因为晶体管价格较高。然而，我们却不会那么努力地去减少电阻器、电容器与电感器的数量。

　　晶体管之所以如此重要，正如刚才所说，是因为它具有"放大"这种非常高级的功能。通常，能够放大信号的元件属于有源元件（Active Element），而不能放大信号的元件属于无源元件（Passive Element）。

　　关于"放大"这个词，大家可能经常无意识地使用它，并没有觉得有什么特别之处。那么，我来问一个问题：如图 12.1a 所示，微弱的电波信号可以通过放大来驱动扬声器发声，那么，如果像图 12.1b 那样，有一个只能点亮白炽灯的微弱电力，是否可以通过放大来驱动电暖炉呢？嗯，虽然理论上并非完全不可能，但为了实现这一点，放大器所需的电力可能会达到几 kW，而直接用这些电力来驱动电暖炉显然更加高效。信号可以放大，但电力是否也能放大如图 12.1 所示。

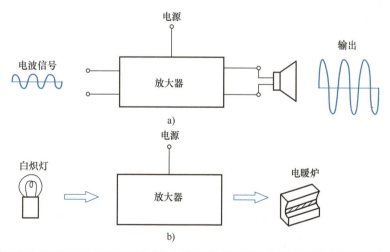

图 12.1　信号可以放大，但电力（能量）是否也能放大

a）信号的放大　b）电力的放大

通过这个例子，我们可以理解，放大并不是凭空产生能量，而是通过外部电源提供的能量，将微弱的信号增强到足以驱动更大负载的水平。晶体管和真空管正是通过这种方式，在电子设备中发挥着至关重要的作用。

这里重要的是，放大器是通过从电源中获取电力来放大信号的设备，换句话说，它是一种改变电能形式的装置。这就像我们人类在吃饭的同时工作一样，只是将食物的能量转换为其他形式的能量（为了玩耍、工作或运动）。

物理学中有一个重要的法则，叫作"能量守恒定律"。这个法则无论是对于放大器还是人类，都始终严格成立。

因此，像晶体管或真空管这样的有源元件，并不具有神秘的力量，它们只是能量转换的装置。增益的好与坏，归根结底就是能量转换效率的高低。

放大器的本质是通过消耗电源的电力来放大信号，本质上是将电能转换为其他形式的能量。晶体管和真空管等有源元件只是能量转换的工具，其性能取决于能量转换的效率。

接下来，我们将探讨晶体管是如何实现能量转换的。

12.2 ▶ 变压器能进行放大吗

首先，关于"放大"这一概念，大家所使用的放大必须是功率放大才行。众所周知，功率的计算公式为功率 = 电压 × 电流，即

$$P(\text{W}) = E(\text{V}) \times I(\text{A}) \tag{12.1}$$

由此可以推导出

功率放大倍数 (G_p) = 电压放大倍数 (G_v) × 电流放大倍数 (G_i) （12.2）

根据式（12.2），功率放大倍数 G_p 必须大于 1 才能实现放大。例如，一方面，如果 $G_v = 10$，而 $G_i = 0.1$，那么 $G_p = 1$，这意味着没有实际的功率放大；另一方面，即使 $G_i = 1$（即电流没有放大），只要 $G_v = 10$，那么最终结果 $G_p = 10$，仍然可以实现有效的功率放大。因此，无论 G_v 和 G_i 如何组合，只要最后的结果 G_p 大于 1，就可以作为放大器使用，也就是说功率放大是放大的核心，必须满足 $G_p > 1$。

即使 G_v 或 G_i 大于 1，G_p 也可能不大于 1 的例子，这就是变压器。以图 12.2 所示的变压器能实现电压的放大为例，假设该变压器的匝数比为 1：10。当输入交流电压（如 1V）时，输出端应该会得到 10V 的电压。从这一点来看，

变压器似乎实现了电压放大。然而，变压器本身并不能作为放大器使用，原因是其功率放大倍数 G_p 无法大于 1。众所周知，此时输出电流是输入电流的 1/10。因此，在这个例子中，

$$G_p = G_v G_i = 10 \times 0.1 = 1 \qquad （12.3）$$

最终，功率放大倍数 G_p 仅为 1，这意味着变压器并没有实现真正的功率放大。

如果将变压器的匝数比反过来设置为 $10:1$，则会发生完全相反的情况。也就是说，$G_i = 10$ 而 $G_v = 0.1$，但 G_p 仍然是 1，图 12.3 所示为在这种情况下实现电流的放大。

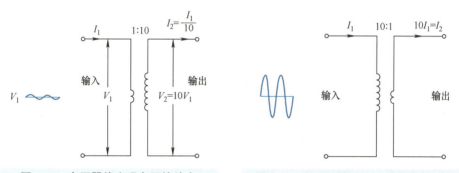

图 12.2　变压器能实现电压的放大　　**图 12.3　在这种情况下实现电流的放大**

通过这些分析可以看出，我们真正需要的是能量的增加。在某些特殊情况下，即使能量不变，只要电压或电流发生变化，也能满足应用上的需求。但这实际上是为了避免能量损失，更多是为了实现阻抗匹配。变压器的核心作用是能量传递而非能量增加，其主要功能是实现阻抗匹配，以减少能量损失。由于变压器没有外部能量输入，因此无法实现功率放大是理所当然的。

与此相比，晶体管则通过使用外置电源，明确地提供了额外的能量，这些能量正是功率放大的来源。那么，在晶体管的情况下，电压放大和电流放大之间的关系是怎样的呢？接下来让我们详细分析一下。

12.3 ▶ 硅晶体管中的电流放大和电压放大

表 12.1 总结了晶体管端子的组合，其中只有三种具有增幅能力，实现增幅的特性见表 12.2。发射极接地电路具有电流增幅和电压增幅的双重特性；基极接地电路没有电流增幅，仅具有电压增幅；集电极接地电路则没有电压增幅，仅具有电流增幅。无论哪种情况，电力增幅均大于 1。

表 12.1　晶体管端子的组合

接地	输入	输出
发射极	基极	集电极
基极	发射极	集电极
集电极	基极	发射极

表 12.2　实现增幅的特性

接地	G_v	G_i	G_p
发射极	○	○	○
基极	○	×	○
集电极	×	○	○

12.4 ▶ 发射极接地的情况

图 12.4 所示为 pnp 晶体管的端子电流，展示了从晶体管端子之间观察到的电流流动情况。现在，我们暂时忽略内部结构，只关注外部电路中的电流，以 pnp 晶体管为例，并使用晶体管的符号来表示。不过，图 12.4 中没有明确说明的是，为了使电流能够流动，发射极和基极之间必须处于正向偏置，即对于 pnp 晶体管，发射极相对于基极必须施加正电压。同样，集电极和基极之间必须处于反向偏置，即集电极相对于基极必须施加负电压。然而，为了简化图示，图 12.4 中仅标出了电流的大小。

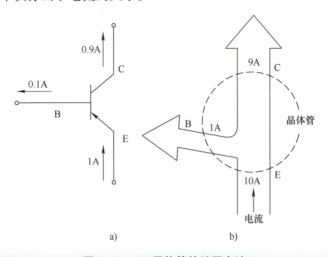

图 12.4　pnp 晶体管的端子电流

a）结构图　b）简化图

如果是 npn 晶体管，电流的状态将如图 12.5 所示。此时，请记住，电压的偏置状态与 pnp 晶体管完全相反。

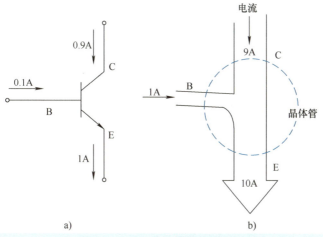

图 12.5　npn 晶体管的端子电流

a）结构图　b）简化图

图 12.5 中标记的电流值只是一个例子，实际的晶体管中，基极电流可以更小，即几十 μA 到几 mA。回到图 12.4，如果从发射极流入 1A 电流，这个电流会像图 12.4a 那样分流，如基极流入 0.1A、集电极流入 0.9A。现在，将图 12.4 所示的 pnp 晶体管连接到发射极接地电路中，pnp 晶体管的发射极接地电路如图 12.6 所示，V_1 和 V_2 是之前提到的用于提供偏置的外部电源。

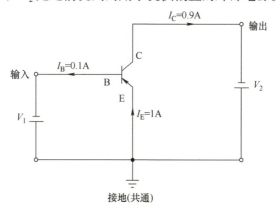

图 12.6　pnp 晶体管的发射极接地电路

如果设 $V_1 = 0V$，即不向基极注入电流 I_B，那么集电极几乎不会有电流流过，因此发射极也不会有电流流过。接下来，如果稍微增加 V_1，在基极回路（输入回路）中注入如 0.1A 的电流，那么电流的分配将如图 12.4a 所示，集电极会流过 0.9A，而发射极则会流过 1A 的电流，与输入电流相比，输出电流约为其 9 倍，因此，此时的电流放大倍数为 9。换句话说，基极电流 I_B 的注入会导致集电极回路（输出回路）中流过更大的电流。

这种现象在仅由电阻组成的电路中是绝对不可能发生的。这是因为在纯电阻电路中，输入电流和输出电流之间不存在放大关系。晶体管通过基极电流控制集电极电流，实现了电流的放大，也就是能够通过小电流控制大电流，这种特性使其成为电子电路中的核心元器件，广泛应用于放大、开关等场景。

让我们进一步探讨这一原理。请参考图 12.7 所示的用挡板控制河流的水流流动，假设有河水从左向右流动。当我们在河中插入挡板来阻断水流时，虽然插入或取出挡板所需的力相对较小，却能有效控制具有较大能量的河水流动。此外，如图 12.8 所示的通过阀门实现水流的控制，我们也可以采用类似自来水阀门的设计原理，通过施加较小的旋转力操作阀门，即可实现水流的控制。

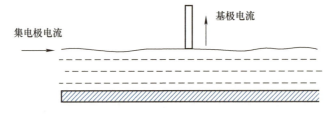

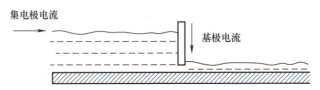

图 12.7　用挡板控制河流的水流流动

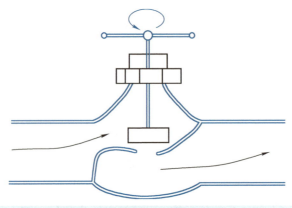

图 12.8　通过阀门实现水流的控制

在此类示例中，移动挡板或旋转阀门的力相当于基极电流。换句话说，通过微小作用力即可控制较大能量流动的特性，可称为阀门动作或门控动作。大坝通过闸门控制水量，这与晶体管的基极具有相同的作用，如图 12.9 所示。由此可知，晶体管发射极接地的工作模式本质上可视为一种阀门控制模式。电流放大系数通常可达 10 ~ 500。这意味着仅需基极电流即可驱动高达其 500 倍的集电极电流。

图 12.9　大坝通过闸门控制水量，这与晶体管的基极具有相同的作用

在发射极接地配置中，除了电流放大外还伴随电压放大效应。但关于电压放大的原理，其工作机制与后续所述的基极接地方式存在共通性，因此将在接下来的章节中合并论述。

12.5 ▶ 基极接地的情况

现以图 12.10 所示的基极接地电路为例进行探讨。在集电极回路中接入负载电阻 R_L，电源 V_1、V_2 的作用与发射极接地配置相同。此时，从发射极注入的 1A 电流将分流至基极（接地端）和集电极（输出端）。尽管电流分配模式与前述配置类似，但若计算输入与输出的电流比，其比值 0.9 : 1 = 0.9 表明电流并未被放大，反而有所衰减。然而，基极接地电路仍能实现功率放大的关键在于必须存在电压放大效应。

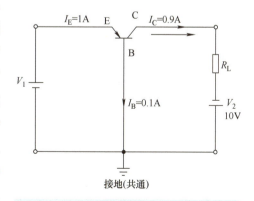

图 12.10　基极接地电路

当设定 $V_1 = 0$（无发射极电流 I_E 时），集电极电压由 V_2 直接决定。若采用 10V 的 V_2 电源，则集电极电压为 –10V（因电源为反向偏置）。

由于集电极 – 基极间的 pn 结处于反向偏置状态，其反向电阻极高（如 $1M\Omega$）。若负载电阻 $R_L \leq 100k\Omega$，其阻值远小于反向电阻（内部电阻），可近似视为短路（$R_L \approx 0$），此时集电极电压等于 V_2 的端电压。

当输入电压 $V_1 = V_{in} = 1V$ 时，发射极 – 基极间的低阻通路使发射极电流 $I_E \approx 1A$。根据图 12.4a 所示的基本分配关系，基极电流 $I_B = 0.1A$，集电极电流 $I_C = 0.9A$。集电极电流 $I_C = 0.9A$，流经 R_L，产生的电压降为

$$V_{RL} = I_C R_L = 0.9A \times 10\Omega = 9V \tag{12.4}$$

因此，集电极的实际电压也为输出电压 V_{out}，即

$$V_C = V_{out} = V_2 - V_{RL} = -10V + 9V = -1V \tag{12.5}$$

输入电压 $V_{in} = 1V$，引起输出电压变化，$V_{out} = 9V$，故电压增益为

$$A_V = \frac{\Delta V_{out}}{\Delta V_{in}} = \frac{9V}{1V} = 9 \tag{12.6}$$

在此放大电路中，负载电阻 R_L 通过将集电极电流转换为电压降，是产生电压增益的必要元件，其阻值直接影响放大倍数，设计时需与电路中其他参数相匹配以优化性能。

12.6 ▶ 关键的内部电阻

通过前文分析可知，晶体管放大性能的核心要素在于集电极 – 基极间的高内部电阻。我们通过以下通过两组对比，阐明其作用机制。集电极内部电阻的影响如图 12.11 所示。

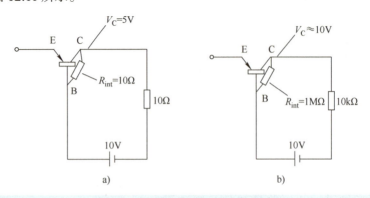

图 12.11　集电极内部电阻的影响

a）低内部电阻，$R_{int} = 10\Omega$　b）高内部电阻，$R_{int} = 1M\Omega$

1）低内部电阻场景（见图 12.11a）。

假设集电极内部电阻 $R_{int} = 10\Omega$，当外接负载 $R_L = 1\Omega$ 时，无输入电流状态下的集电极电压 $V_C = 9V$，若将 R_L 提升至 10Ω，则 V_C 降至 $5V$，表明低内部电阻导致负载敏感度显著增加。

2）高内部电阻场景（见图 12.11b）。

假设 $R_{int} = 1M\Omega$，外接负载 R_L 即使从 10Ω 变化到 $1k\Omega$，集电极电压几乎不受负载变化影响。此时，如果外接负载电阻 $R_L = 10k\Omega$，无发射极电流时 $V_C = 10V$，仅需 $I_E = 1mA$（对应发射极电压 $V_E \approx 0.1V$）即可使 V_C 降至 $0V$，实现电压增益 $A_V = 90$。

综上所述，集电极内部电阻 R_{int} 与外接负载 R_L 需满足

$$R_{int} \gg R_L \qquad\qquad (12.7)$$

此条件确保电压降主要发生在内部电阻 R_{int} 上，从而获得高电压增益。

12.7 ▶ 集电极接地的情况

集电极接地电路，又被称为射极跟随器，如图 12.12 所示。但实际上，会在发射极与地线（接地）之间串联一个电阻，然后从这个电阻的两端取输出信号（见图 12.12b）。

这种电路虽然没有电压放大的作用，但却具有电流放大的功能。特别重要的是，它能有效降低输出电阻，因此常用于一些特殊需求的电路中。

而我们平时常用的放大电路，大多是采用发射极接地方式，因为发射极接地电路能够获得最大的电压和功率放大效果，所以应用非常广泛。

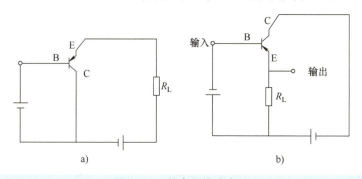

a）　　　　　　　　　　　　b）

图 12.12　集电极接地电路

a）集电极接地电路的基本连接方式　b）输出信号从发射极与接地之间的电阻两端取得

到目前为止，我们大致了解了信号的放大。接下来，我们来研究一下相位。相位表示信号的延迟方式，现在我们来考虑一下，当输入波从 0 增加到正电压方向时，输出波会如何变化。

如果输出也从 0 增加到正电压方向，那么这两个波是同相的；如果输出从 0 增加到负电压方向，那么它们是反相的。晶体管的相位取决于接地方式，可以是同相或反相。然而，需要注意的是，晶体管始终有直流偏置。例如，在 pnp 晶体管的发射极接地电路中，输出的电压波形在 –10 ~ 0V 波动，不会变为正值。但在这种情况下，我们只考虑交流信号，因此将 –5V 的点视为信号波的参考零点。实际上，通过电容器将电路连接起来时，就会出现以 –5V 为参考零点的交流波形。

那么，让我们逐一进行研究。首先考虑发射极接地，当输入电压为负时，集电极会有电流流动，集电极电压从较大的负值接近于零，因此作为电压信号，它变为正方向的信号。通过以下的关系变化来说明：输入电压负向变化→集电极电流增大→集电极电压趋近于零（正向变化），输出与输入相位差 180°（反相位）

接下来，我们考虑基极接地的情况：输入（发射极）电压正向变化→集电极电流同步增大→输出电压正向变化，输出与输入同相位。

最后是集电极接地的情况：输入（基极）电压负向变化→发射极电压同步负向变化，输出与输入同相位。总结上述三种情况，各种配置类型的相位关系见表 12.3。在实际设计方面，发射极接地提供高功率增益，构成放大电路主干；集电极接地作为阻抗变换器，优化信号传输效率；基极接地用于高频隔离与单向化设计。通过掌握三种接地模式的相位特性与增益特征，可系统构建高性能晶体管电路架构。

表 12.3　各种配置类型的相位关系

配置类型	电压增益	相位关系	典型应用
发射极接地	高	反相	通用放大级
基极接地	中	同相	高频 / 阻抗匹配电路
集电极接地	约为 1	同相	缓冲级 / 驱动电路

1. 不进行电力放大就达不到预期效果。

2. 发射极接地与阀门操作相同。

3. 基极接地因内部电阻的差值而增大。

第 12 章　练习题

问题 1：为什么在变压器中不发生放大，却在电路中使用呢？

问题 2：请说出符合下面说明的接地形式。

　　　1）电压放大为 1，但可减小输出电阻。

　　　2）电流放大为小于 1 时，通过电阻比进行电压放大。

　　　3）电流放大，电压放大均大于 1。

第 **13** 章

晶体管的
制备工艺

到目前为止，我们已经介绍了晶体管的工作原理，接下来我们来谈谈晶体管是如何制作的。晶体管在约 70 年前问世，早期理论先于实践，工艺实现面临重大挑战。我们这里主要介绍两大经典制造工艺——生长结型晶体管与合金晶体管的技术原理及演进路径。

13.1 ▶ 生长结型晶体管

生长结型晶体管如图 13.1 所示，在制作锗和硅的单晶体时，通过交替掺杂 n 型与 p 型杂质形成图 13.1 所示的层状结构，与之前介绍的晶体管模型结构非常相似。

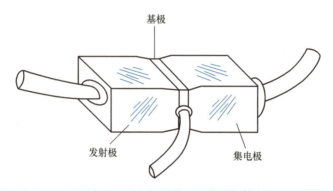

基极

发射极   集电极

图 13.1　生长结型晶体管

但是，晶体管的基区厚度必须制作成 10 ~ 20μm。这种制备工艺面临如下的技术瓶颈：

1）超薄基区制备。晶体生长过程中实现亚 20μm 基区面临巨大工艺挑战。

2）电极引线集成。薄基区金属化工艺难度极高，导致器件可靠性不足。

因此，这种作为早期主流的工艺，现已被淘汰。

13.2 ▶ 合金晶体管

在晶体管发明后不久，合金型制造方法被提出。这种方法失败率较低，成本较低，因此目前仍被大量使用。目前所使用的晶体管大多是这种合金结合型（合金结）晶体管（简称合金晶体管）。然而，这种方法在锗（Ge）材料上效果良好，但在硅（Si）材料上较为困难，因此大多数合金晶体管都是锗晶体管。合金晶体管的准备工艺如图 13.2 所示。

首先，如图 13.2a 所示，将 n 型锗单晶切成 100 ~ 500μm 厚的晶圆薄片，经过抛光使其平整，然后使用化学药品（如氢氟酸或硝酸等强酸）对表面进行轻微腐蚀，露出干净的晶面后，再将其切成小块，如图 13.2b 所示。这些小块被称为"晶粒"或"芯片"，其厚度为 100 ~ 500μm、横截面（如直径或宽度）尺寸为 0.1 ~ 5mm。根据应用场景的功耗和频率的不同，芯片的尺寸也会有所变化。

在这些芯片的上下表面放置铟（In）颗粒，即 p 型掺杂金属颗粒（直径约为 100μm ~ 1mm），然后在被称为扩散炉的电炉中加热，如图 13.2c 所示。在空气中加热会导致锗和铟氧化，因此需要在电炉内通入惰性气体（如氮气、氩气、氢气）。

在定位装配方面，铟颗粒必须上下对齐，否则下方的铟颗粒会掉落，因此需要使用专门的夹具。夹具通常是带孔的碳板，按顺序放入铟颗粒和锗晶体，然后合上夹具，再放入铟颗粒，如图 13.2d 所示。锗和铟在一定压力下会相互压紧。

铟颗粒在 150℃时会熔化，如图 13.2e 所示，熔化后附着在锗表面，类似于焊接。然后继续加热至约 500℃，熔化的铟会逐渐溶解到锗晶体中，如图 13.2f 所示。一般情况下，锗即使在 940℃以下也不会熔化，但在与熔化的铟接触时，在较低温度下，锗也会发生熔化。这种现象在两种或多种金属一起存在时经常被观察到。然而，铟也不会无限地溶解到锗中，当铟在锗中的溶解度达到饱和后，扩散也会随之停止了。

此时，上下部的合金区域不能粘在一起，但也不能离得太远。最窄的部分就是晶体管的基区宽度。基区宽度取决于芯片厚度、铟颗粒大小和加热温度，因此需要调整这些参数以达到最佳状态。

然后从 500℃开始缓慢冷却。冷却阶段，铟不再溶解于锗中，合金部分的锗慢慢重新固化，也就是锗的再结晶过程。待到最终冷却后，如图 13.2g 所示。顺便提一下，这种锗的合金层与原来的锗有着非常不同的性质。

即使只有少量的铟溶解在锗中，锗也会变成 p 型。在这种合金型的制备工艺情况下，铟已经充分溶解，因此再结晶的锗变成了 p 型。由此可见，这种结构形成了 pnp 晶体管。

铟颗粒一般在集电极一侧较大、在发射极一侧较小，这样可以有效提高电流放大系数。此外，铟颗粒可以直接连接引线，非常方便。

基极引线的连接如图 13.2h 所示，例如，通过镍板和锗用锡或焊料连接，不仅实现了电气连接，还增强了晶体管的机械强度。制成的合金晶体管通过焊接固定在铜框架上，引线焊接到铟上，再用电解液刻蚀清洁周围多余的铟，确保界面电学特性稳定，最后装上封装盖。这样就制成了 pnp 晶体管。

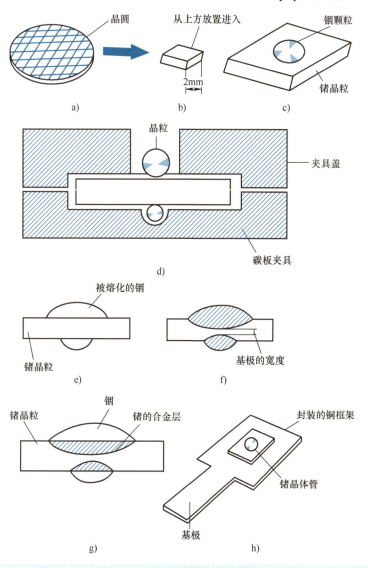

图 13.2　合金晶体管的准备工艺

a）n 型锗晶圆　b）晶粒　c）锗晶粒的上下表面放置铟颗粒　d）用夹具压住
e）铟颗粒在 150℃时会熔化　f）500℃时熔化的铟会逐渐溶解到锗晶体中
g）冷却后　h）晶体管通过焊接固定在铜框架上

合金结形成与电极引线键合后，晶体管进入封装准备阶段。图 13.3 所示为合金晶体管封装前的结构，显示了安装封装盖前的状态。

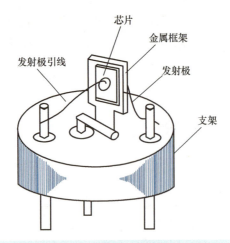

発射極引线

芯片

金属框架

发射极

支架

图 13.3　合金晶体管封装前的结构

如果最初的晶圆使用 p 型锗，铟改用铅和锑的混合物，则能制成 npn 晶体管。在这种情况下，铅既不是受主也不是施主，而是作为合金媒介，不参与掺杂过程，仅促进锗与锑的合金化。

合金晶体管制造相对简单，广泛用于高频以外的应用，也适用于功率晶体管。图 13.2g 显示了晶体管的结合面，但实际上，理想状态下的晶体管的结合面示意图如图 13.4 所示，是平整的。这是由于锗晶体的特性所致。

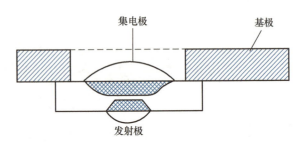

集电极

基极

发射极

图 13.4　理想状态下的晶体管的结合面示意图

各位是否曾剥离过云母？云母看似一片，但是可以非常薄地被剥离。锗也有类似特性，得益于锗的层状晶体结构，合金过程中形成平直结界面铟，熔融渗透锗晶格，实现原子级界面结合，形成如图 13.4 所示的理想、平整的合金区域。然而，制造高频晶体管时，面临着基区宽度压缩和铟颗粒微型化极限这两个挑战。这是因为要提升频率响应需将基区宽度降至亚微米级。工艺精度的限制导致高频性能难以突破。因此，合金晶体管通常只能用于约 10MHz 的频率。功率晶体管的铟颗粒较大，频率限制在约 2MHz。

13.3 ▶ 漂移晶体管

如前所述，在 pnp 晶体管中，当空穴注入 n 型基区时，空穴通过扩散向集电极移动。如图 13.5a 所示，空穴在移动过程中逐渐扩散，这种扩散导致载流子移动缓慢，难以在高频下实现放大。因此，进行了各种改进，产生了漂移晶体管。

如果在晶体管的基区中施加电压，如图 13.5b 所示，基区中的空穴会沿着电压梯度迅速滚动进入集电极。相比扩散过程，空穴移动速度大大提高，从而改善了高频特性，这种现象称为漂移（电场驱动移动）现象。虽然无法直接在基区施加电压，但通过改变杂质浓度，可以实现类似于施加电压的效果。从能带角度来看，空穴的价带倾斜形成下坡。

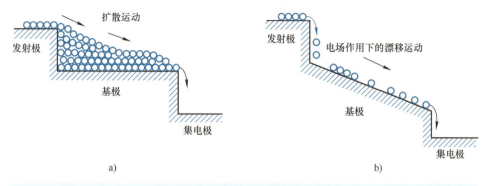

图 13.5 漂移晶体管示意图

a）扩散型　b）漂移型（电场驱动）

要形成这种杂质浓度梯度，可以采用杂质扩散方法，在发射极掺入高浓度的锑，在集电极掺入低浓度的锑。这样，即使外观上是合金晶体管，也能实现良好的高频特性，频率可达 100MHz。

13.4 ▶ 台面晶体管

由于对更高频率晶体管的需求，研究人员开发出了台面晶体管。这种晶体管的成功得益于杂质扩散技术的发明，该技术通过高温使杂质原子从表面渗透到 1 ~ 5μm 的深度。需要注意的是，这里的杂质原子扩散与基区载流子的扩散不同，不要混淆。尽管原子在大量堆积时也会通过扩散移动，但为了使其更容易移动，需要将温度加热至接近锗的熔点。台面晶体管的制备工艺如图 13.6 所示。

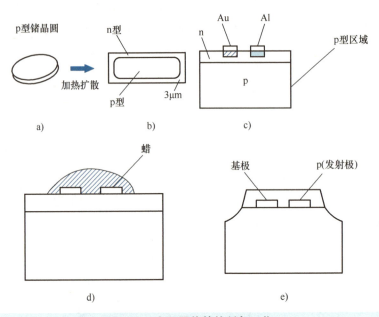

图 13.6 台面晶体管的制备工艺

a）晶圆 b）杂质从表面渗透 c）真空蒸发，形成合金
d）蜡掩膜保护电极区域 e）刻蚀周围锗，形成台面结构

首先，将 p 型锗晶圆进行机械和化学清洗，使其干净。将其加热到约 800℃，然后暴露于 n 型杂质蒸气 [如锑（Sb）、砷（As）] 中。

如图 13.6b 所示，杂质渗透到表面约 3μm 深处，晶圆表面变为 n 型，从而形成薄的 pn 结。此过程即从表面扩散的锗，如图 13.7 所示。

图 13.7 从表面扩散的锗（灰色部分的深度约为 3μm）

接下来，在真空腔中，蒸发铝（Al）和金（Au），使其附着在表面，并稍微加热使其合金化，如图 13.6c 所示。注意，不要穿透先前形成的 pn 结。Al 下方变为 p 型，而 Au 则与表面的 n 型区域欧姆接触。

然后，通过光刻工艺在电极周围涂上蜡，如图 13.6d 所示，放入溶解锗的液体中进行刻蚀（溶解），最后去除蜡，就能得到最终的台面晶体管，如图 13.6e 所示。

这种晶体管的形貌具有山一样的"台面"，它看起来像某些影片中的那种台形平山。该晶体管的下部为集电极，将其安装在支架上，再将上部的电极用细导线（通常为直径为 20μm 的金线）通过热压接方法连接，即可完成。由于台面晶体管的基区宽度约为 1μm，因此能够在高达 100MHz 的频率下进行放大，并被应用于调谐器等设备。图 13.8 所示为已完成的台面晶体管。

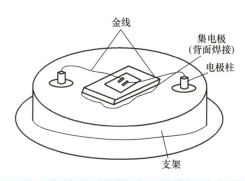

图 13.8　已完成的台面晶体管

13.5 ▶ 平面晶体管

上述晶体管都是用锗制造的。然而，从半导体特性的角度来看，硅有许多优点，因此研究人员尝试制造硅晶体管，并进行了各种研究。由于硅的热膨胀系数等原因，合金化非常困难，遇到了许多挑战。

然而，随着加工工艺的进步，研究人员研发出了一种适合硅的良好制备工艺方法，这就是平面晶体管。平面晶体管具有故障少、耐高温等优良性能。在平面晶体管中，选择性扩散法是非常重要的技术。即只在特定区域进行扩散的方法。平面晶体管的制备工艺如图 13.9 所示。

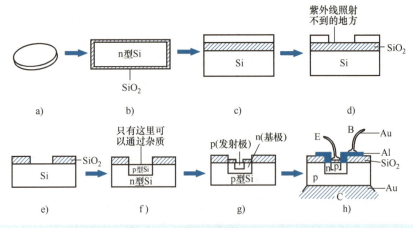

图 13.9　平面晶体管的制备工艺

a）n 型晶圆片　b）氧化　c）涂胶　d）光刻　e）扩散窗口的形成
f）基极区域的形成　g）发射极区域的形成　h）引出电极

首先，如图 13.9a 所示，将经过良好刻蚀的 n 型硅晶圆在氧气中高温加热。

晶圆周围形成一层薄的氧化膜 SiO_2，如图 13.9b 所示。SiO_2 与水晶或石英的材料成分是相同，透明且致密。虽然在锗中，氧化是不可取的，但在硅中是故意进行氧化的。

接下来，使用光刻法（Photolithography）去除部分氧化膜。如图 13.9c 所示，在表面涂上一层薄薄的光敏树脂（光刻胶），然后将带有透明孔的玻璃负片叠加在上面，并照射紫外线。将晶圆放入显影液后，只有照射紫外线的部分会保留下来，未照射的部分会溶解，如图 13.9d 所示。

将 SiO_2 刻蚀，而不会溶解光刻胶膜，使 SiO_2 部分溶解。去除光刻胶膜后，如图 13.9e 所示，SiO_2 上出现孔洞。

在晶圆上进行杂质扩散时，SiO_2 覆盖的区域不会允许杂质通过，从而形成如图 13.9f 所示的 pn 结。

重复这一过程，制造如图 13.9g 所示的 n 型发射极。

通过光刻法在电极周围打孔，蒸镀铝，使其合金化，再通过光刻法去除不必要的铝。最后，通过热压接将引线连接，完成制造，如图 13.9h 所示。

平面晶体管的外观如图 13.10 所示，由于表面平整而得名，但重要的是 pn 结未暴露在表面，而是被 SiO_2 覆盖，因此非常耐用，不易故障。由于多次使用光刻法，尺寸非常小且精确，因此特性接近台面晶体管，可以达到高频率并处理大功率。特别是硅比锗更耐高温，因此更易使用。

图 13.10　平面晶体管的外观

　　由于平面晶体管的缺点少，所以其应用广泛。集成电路（Integrated Circuit，IC）和大规模集成电路（Large Scale Integration，LSI）也是基于平面晶体管的原理制造的。

第 13 章　知识要点

1. 合金晶体管：应用最广，成本低廉。
2. 平面晶体管：性能卓越，技术核心为光刻。
3. 光刻技术：通过选择性扩散与掩模工艺实现微米级精度。

第 13 章　练习题

问题 1：能否用硅材料制造合金晶体管？
问题 2：漂移晶体管为何具备高频放大能力？

13

第 **14** 章

集成电路

最近，大家经常能看到"集成电路"这个词语吧？甚至还有"A公司因开发某种集成电路导致股价上涨"之类的新闻。这场热潮简直像"阿拉丁的神灯"一样，轻轻一擦，念句咒语，仿佛就有巨人跳出来问："您想造什么芯片"？人们的热情高涨到这种程度。

由于讨论过于热烈，某些科学杂志甚至开设了"突破摩尔定律的集成电路"专题。那么，集成电路究竟是什么？本章我们将一起解析集成电路（IC），揭开它的秘密。

14.1 ▶ 转变思维

大家如何看待"常识"？人们常将与众不同的人或事称为"非常识"。但常识真的绝对正确吗？实际上，文明正是通过打破常识而发展而来的。过去没有汽车、电车、飞机；如今人工智能、自动驾驶已成为现实，但十年前还未普及。

或许各位会相信怪兽或奥特曼，但若有人说能与已故祖父对话，或靠精神力量抬起桌子，你会信吗？或许你会说这"不科学"。事实上，我们的科学仍不完善，存在大量未知领域。因此，我们必须保持开放思维，避免被常识束缚，才能接纳新事物。

虽然话题有些偏离，但IC的根本理念与此相同——它不局限于传统电子电路设计，而是以"实现何种功能"为核心，只要符合目标，任何手段皆可。例如，传统电子电路依赖导线传递电流，但IC的底层逻辑允许使用光、热、声波甚至量子纠缠等载体。不过目前主流的IC仍以电流驱动的传统电子电路（晶体管、电阻器、电容器通过导线连接）为基础。

简而言之，IC可视为将传统电子电路极度微型化并固化的产物。通过电子显微镜观察，仍可分辨出晶体管、电阻器等元器件（这些细节稍后再做说明）。

14

14.2 ▶ 集成电路的大小

我们周围物品的尺寸由何决定？汽车需容纳人乘坐、铅笔需便于人手持——这些尺寸均基于实际需求。

但某些物品可以更小，如相机、手机及手表。接下来要说的电子电路，如手机或计算机的布线部分，再小些也没关系。因为它不是人可以直接触摸或移动的东西。但是，如果手机或计算机缩小至豆粒一样大小，按键的触摸或屏幕的观看将极为不便。然而，若放眼更广阔的领域，大型电子电路比比皆是，典型代表是占据整间机房的超级计算机，此外卫星、飞机、火箭中也使用大型电子设备。

人脑约含有百亿个细胞，可以记忆许多过往经历。这种机制类似于电子电路，每个细胞如同微型电路。若能在头颅大小的空间中集成百亿级数量器件的电路，制造出与人类能力相当的机器人将成为可能，目前正在一步步变成现实。

粗略计算：假设人脑为 10cm × 10cm × 10cm 的盒子，若用体积较大的电子管进行填充，仅能容纳约 20 个；换成晶体管，可增至 1×10^5 个；采用 IC，则能集成约 2×10^8 个。最新技术已可容纳近亿个元器件，万亿级的集成仅是时间问题。IC 正是实现"人造大脑"这一愿景的希望。

观察 IC 时，最直观的特征是其尺寸微小（细节后述）。图 14.1 展示了 IC 的外观——图中的方形硅片即为 IC 本体。

图 14.1　IC 的外观

但令人惊讶的是，微型化后的 IC 还展现出其他优势：故障率低、成本低廉。如今，即便有人质疑"还有必要再缩小吗"，但若不继续微型化，前述两项优势将无法满足。因此，"微小"反而成为第三大优点。

14.3 ▶ 集成电路为何能实现很好的价格

购物时，若两件商品性能相近，人们通常会选更便宜的。价格低廉始终是优先条件。若将计算机的传统元器件替换为 IC，成本降低必然会促进销量。IC 的畅销并非只因其本身的功能良好，也因其经济性。IC 内部包含晶体管、电阻器、电容器等，若用分立元件搭建相同电路，哪种更便宜？

早期 IC 成本较高，但随着技术进步，IC 成本已低于分立元件。不过，并非所有分立电路均可替换为 IC，当前多为混合使用。IC 虽微小，但有趣的是尺寸越小、成本越低。

为何缩小尺寸能降低成本？

IC 通过单晶硅的晶圆批量制造。假设一个直径约为 200mm 的晶圆可生产约 500 个 IC，晶圆的加工总成本为 5000 元，切割后单个 IC 的成本为 10 元。

若技术进步使晶圆产量增至 1000 个，加工成本仍为 5000 元，则单个 IC 的成本降至 5 元。即 IC 面积减半，成本即减半。

此外，硅晶圆无法做到完美，每个晶圆存在数百个缺陷。这里导入"良率"的概念，良率是实际生产的无缺陷芯片数量占单个晶圆上生产出来的芯片总数量的百分比。若 IC 面积较大，易受缺陷影响导致不良；缩小尺寸可降低缺陷对良率的干扰，IC 尺寸与良率的关系如图 14.2 所示。

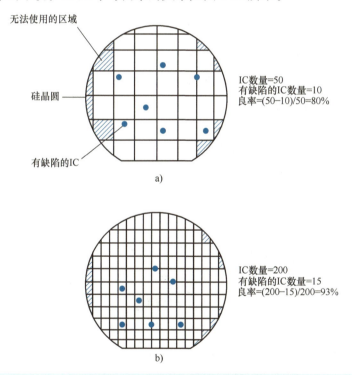

图 14.2　IC 尺寸与良率的关系

a）IC 面积大的情况　b）IC 面积小的情况

假设 500 个 IC 的良率为 50%，1000 个 IC 的良率升至 80%，则成本可从 20 元 / 每个，降低至 6.5 元 / 每个。因此，IC 研发工程师正竭尽全力地推进微型化。

14.4 ▶ 高可靠性的集成电路

万物皆可能存在故障。人类堪称故障频发的"机器"，所以医院总是人满为患。人类寿命约为 80 年，电子设备的寿命是多少呢？电视无故障运行超过 20 年的情况极少，通常 5 年左右即出问题，有的电视甚至 1 年即坏。

若"人造大脑"由万亿级元器件构成，结果如何？理论推算表明，其几乎无法运行——每 2～3s 发生一次故障，需每日维修。此类情况真实存在，大约 60 年前，真空管计算机的运行时间与故障修复时间几乎相同。故障根源在于金属元器件与焊点连接处易脱落或腐蚀，而金属内部很少损坏。IC 则截然不同，其晶体管、电阻器、电容器等均以硅半导体制成，元器件之间通过硅自身或铝牢固连接，完全无需焊接。因此，即便单个 IC 集成 50 个元器件，其故障率仅相当于 1 个晶体管。换句话说，IC 的可靠性是传统元器件的 50 倍，集成度越高，故障率越低。当前 IC 已可容纳超过 1 亿个元器件。

计算机等对可靠性要求极高，这正是 IC 的优势所在。例如，台式计算机价格从 20000 元骤降至 5000 元，尺寸大幅缩小，堪称 IC 的戏剧性成功。台式计算机示意图如图 14.3 所示。

图 14.3 台式计算机示意图

综上所述，IC 具有故障少、体积小、可靠性高的三大特点。接下来，让我们一起了解一下 IC 的内部是怎样的吧。

14.5 ▶ 集成电路的内部构造

图 14.4 所示为变频空调外机电路，取出电路板观察，可以看到，其中使用了大量 IC。

图 14.4　变频空调外机电路

　　图 14.4 中的 IC 采用了双列直插封装（Dual In-line Package，DIP）和小引出线封装（Small Outline Package，SOP）。随着 IC 的集成度不断提高，I/O 引脚数也急剧增加，功耗也随之增大，对集成电路封装的要求也更加严格。为了满足发展的需要，球阵列封装（Ball Grid Array，BGA）开始应运而生了，如图 14.5 所示。

　　无论是 DIP、SOP 还是 BGA，其核心均为硅芯片。封装拆解后的 IC 表面如图 14.6 所示，内部黑色硅芯片的尺寸约为 1.5mm×1.5mm，厚度为 0.3mm。相比外壳，内部芯片极为微小，外壳尺寸仅为便于人工操作的最小限度。

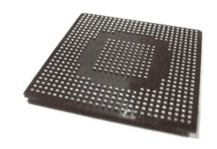

图 14.5　球阵列封装

图 14.6　封装拆解后的 IC 表面

　　图 14.6 中，肉眼观察可见引脚处有细线连接芯片，但更多细节需借助显微镜（放大约 100 倍）。从高空俯瞰地面，道路与房屋整齐排列——芯片表面结构与之相似。图 14.7 所示为硅芯片显微图。

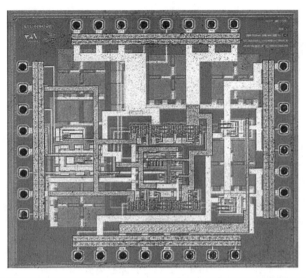

图 14.7 硅芯片显微图

图 14.7 中纵横交错的"道路"实为金属（如铝）布线，宽度约为 20μm（相当于普通纸张厚度的 1/3），厚度仅为 0.3μm（需要叠加 3000 层才能达到 1mm）。如此薄的铝层通过真空蒸镀工艺制成。布线下方（硅芯片表面）集成晶体管、电阻器，偶有电容器。

需注意，这些元器件并非独立制造后组装，而是通过特殊金属原子扩散至硅晶格中同步形成。布线与芯片间以极薄的二氧化硅（0.1μm）绝缘。此绝缘层并非外加，而是硅表面氧化自然生成。IC 的最大特征在于几乎所有元器件集成于单一晶体中。疑问随之而来：元器件间为何不发生短路？

答案在于"隔离技术"——向硅中扩散特定金属后，施加电压使扩散区与非扩散区边界形成高阻隔离层，类似海面浮岛或电路板上的独立元器件。图 14.8 所示为 IC 表面局部示意图，晶体管与电阻器被隔离层保护。晶体管由硅制成，电阻器通过细长金属扩散形成。芯片厚度为 0.3mm，因为硅如玻璃般脆弱，所以需要这样的厚度，但实际隔离层与晶体管的实际厚度甚至 5μm 都不到。

图 14.9 所示为 IC 截面图，图中颜色差异代表不同金属原子掺杂区域。尽管掺杂浓度仅为 0.00001～0.0001，却足以显著改变电学特性。

近年来，IC 越来越微型化、复杂化，如超大规模集成电路（Very Large Scale Integration，Circuit，VLSI）等。复杂的 MOS IC 存储器内部可以集成约 3×10^7 个元器件。目前，单芯片已可集成超过 1 亿个晶体管的微处理器。

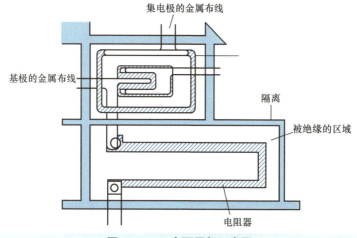

集电极的金属布线

基极的金属布线

隔离

被绝缘的区域

电阻器

图 14.8　IC 表面局部示意图

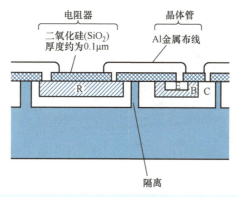

电阻器　　　　晶体管

二氧化硅(SiO₂)
厚度约为0.1μm

Al金属布线

R　　　　E B C

隔离

图 14.9　IC 截面图

14.6 ▶ 集成电路的制造

　　观察 IC 不禁感叹：如此精密之物如何制成？以下简述 IC 的制造流程。

　　芯片表面的精细图案称为"光刻图形"，通过光刻技术形成。在硅表面二氧化硅层开窗后，金属、杂质原子等由此扩散，形成所需图案。

　　首先，在二氧化硅表面涂覆光刻胶（类似胶片），覆盖玻璃（石英）掩模（需开窗的区域透明，其余区域遮光），紫外曝光后显影。图 14.10 所示为光刻对准曝光设备。

图 14.10　光刻对准曝光设备

曝光后，用显影浸泡，也就是所谓的显影工序，光刻胶变形成图案，未涂覆光刻胶的区域的二氧化硅暴露，经刻蚀处理形成开窗。此过程极为严苛，若存在灰尘（尺寸远大于图形的尺寸），晶圆中就会产生无法使用的芯片。因此需建造无尘室，成本高昂。

金属扩散也被称为"杂质扩散"，需使用硼（B）、磷（P）、砷（As）、铟（In）等元素，并在1200℃（温度的精度为 ±0.2℃）的扩散炉中进行，扩散炉与温控仪如图14.11所示。

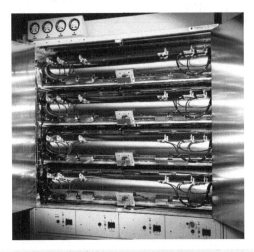

图 14.11　扩散炉与温控仪

光刻与扩散需反复进行，每次注入不同杂质至不同深度（1 ~ 10μm）。最后蒸镀铝层并光刻形成布线。

至此，直径约为 200mm 的硅晶圆上已批量制造出成千上万个 IC，晶圆上的 IC 如图 14.12 所示。后续步骤包括切割晶圆、封装、键合 15 ~ 30μm 的金属电极线。图 14.13 所示为引线键合机，图 14.14 所示为晶圆检测仪。

图 14.12　晶圆上的 IC

集成电路的制造需要大量精密设备，单套成本甚至可达数千万元，而且技术上存在很多难点，非短期内可掌握。一个晶圆厂从开始生产到盈利，至少需要 7 ~ 8 年的时间，所以对晶圆厂的投资发展需要有更多耐心。

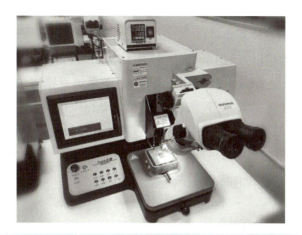

图 14.13　引线键合机

图 14.14　晶圆检测仪

14.7 ▶ 集成电路的未来

自 1958 年杰克·基尔比和罗伯特·诺伊斯发明世界上第一块集成电路以来，这颗仅有拇指大小的硅片已推动人类文明跨越了数字化、智能化的多重门槛。如今，当台积电的 3nm 芯片每平方毫米可容纳 3 亿个晶体管时，我们正站在一个历史性拐点：传统硅基芯片接近物理极限，而生物计算、量子芯片等新范式已初现曙光。这场静默的变革将重新定义从人工智能到生命科学的每一个领域。

14.8 ▶ 技术演进：突破物理法则的四大路径

1. 三维世界的芯片革命

当平面晶体管难以突破 1nm 屏障时，工程师们开始向立体空间寻找答案。

1）全环绕栅极（Gate-All-Around，GAA）晶体管已实现电流通道四面受控，英特尔公司计划在 2024 年实现量产 20Å[⊖]（2nm）工艺。

2）三维堆叠技术将逻辑、存储、传感芯片垂直集成，AMD 公司的 Chiplet 设计使处理器性能提升 40% 的同时成本降低 15%。

3）硅光芯片将光子与电子共融，华为公司的硅光模块已实现单芯片 1.6Tbit/s 的传输速率。

2. 材料的"基因突变"

硅材料统治 60 余年后，新材料家族正在崛起。

1）氮化镓（GaN）让手机充电器的体积缩小 60%，特斯拉 Model 3 电动汽车的主逆变器效率提升至 99%。

2）二维材料 [如二硫化钼（MoS_2）] 的原子级厚度，使晶体管漏电率降低 1000 倍。

3）碳基芯片实验室中石墨烯晶体管的截止频率已达 700GHz，远超硅基器件的极限。

3. 架构的范式转移

冯·诺依曼体系遭遇"内存墙"困境，新架构正在改写游戏规则。

1）存算一体芯片（如清华大学的 Thinker 系列）使 AI 推理能效比提升 100 倍。

2）神经拟态芯片模仿人脑突触结构，英特尔公司的 Loihi 2 芯片的脉冲神经网络的学习速度比普通芯片快 10 倍。

3）量子芯片方面，谷歌公司的量子计算机"悬铃木"实现量子霸权，而半导体量子点路径更适合规模化生产。

4. AI 重塑芯片设计

EDA 工具正在经历"AlphaGo 时刻"。

1）谷歌公司用人工智慧演算法设计人工智慧芯片，6h 可完成人类数月的设计工作，芯片面积再优化 12%。

2）新思科技公司的 DSO.ai（AI 驱动型芯片设计解决方案）使芯片功耗降

⊖ 埃米是晶体学、原子物理、超显微结构等常用的长度单位，音译为"埃"，符号为 Å，$1Å = 10^{-10}m$。

低 25%，联发科公司的天玑 9000 处理器由此诞生。

3）生成式 AI 开始自动设计模拟电路，2023 年，MIT 团队用 AI 生成 5G 射频滤波器。

14.9 ▶ 应用场景：从"计算工具"到"文明器官"

1. 智能世界的"神经末梢"

1）汽车电子。英伟达公司的 Thor 芯片以 2000TOPS 算力驱动 L5 自动驾驶，车规芯片市场规模预计到 2028 年将达 800 亿美元。

2）仿生感知。意大利科学家研发的电子皮肤芯片可在每平方毫米集成 2000 个独立传感器，灵敏度媲美人类触觉。

3）脑机接口。Neuralink 芯片实现猴子用意念打字，3072 个电极通道开启人机融合新纪元。

2. 生命科学的"芯片实验室"

1）微流控芯片将 PCR（即 Polymerase Chain Reaction，中文含义为聚合酶链反应）检测时间从 2h 压缩至 5min，成为便携诊断设备的核心。

2）DNA 合成芯片让基因编辑成本下降 1000 倍，合成生物学迎来"摩尔定律"。

3）神经探针芯片实时监测多巴胺分泌，为帕金森病的治疗提供精准数据支持。

3. 能源革命的"隐形推手"

1）基于 SiC 的功率芯片使风力发电损耗降低 30%，全球每年减少的碳排放量相当于种植 6 亿棵树。

2）光量子芯片在室温下实现太阳能制氢效率突破 15%，清洁能源存储迎来曙光。

3）微型核电池芯片可为深海探测器提供数十年续航。

14.10 ▶ 挑战与未来：向"后硅时代"迁徙

1. 物理法则的终极拷问

1）量子隧穿效应导致 1nm 以下的晶体管失控漏电，需引入拓扑绝缘体等材料。

2）光刻机的光源波长限制在 13.5nm，High NA EUV 设备重达 200t，移动精度需达 0.1nm。

2. 2040 展望：多元计算宇宙

1）混合芯片。硅基逻辑层 + 碳基存储层 + 光互连的异构集成将成为主流。

2）生物芯片。DNA 存储密度达 $1EB/mm^3$，细胞计算机开启湿件时代。

3）量子互联。城市间量子中继芯片网实现绝对安全通信，量子互联网初步成形。

集成电路的未来，本质是人类突破碳基生物认知边界的史诗。当我们在原子尺度雕刻电路、在量子世界编织信息、在生物分子中写入逻辑时，芯片已超越物理实体，成为连接物质文明与数字文明的桥梁。这场始于硅片的革命，终将引领我们走向一个机器思考、万物互联、生命可编程的新纪元。

第14章　知识要点

1. IC 需要超越常识的判断。
2. IC 具有成本低、体积小、可靠性高的特点。
3. IC 集成于晶体内。

第14章　练习题

问题 1：IC 内的导线肉眼可见吗？
问题 2：IC 尺寸越小、成本越低的原因是什么？
问题 3：IC 故障率低的原因。
问题 4：隔离技术的含义。

第 **15** 章

半导体器件的
使用

大家在使用晶体管、二极管等半导体器件时，有没有因为一时疏忽而导致器件损坏的经历呢？

好不容易用攒下的钱买来的昂贵晶体管，既没有发红也没有发出声音，就这样坏掉了，真是让人沮丧啊。而且有时候甚至不知道它已经损坏了，导致电路无法正常工作，让人觉得晶体管真是难以驾驭。

相比之下，真空管只要灯丝发红，基本上就不用担心它会坏掉，让人感到非常安心。还有，夏天佩戴无线耳机在球场上跑步时，耳机由于汗液的"浸润"渐渐就不响了，这种情况也很常见。

从这些例子可以看出，半导体器件与其他电子元器件（如真空管、电阻器、电容器、线圈等）相比，似乎有些不同。本章将简单介绍为什么半导体会有这样的特性，以及在使用时需要注意些什么。

15.1 ▶ 半导体是"优等生"

晶体管相比真空管有很多优点，其中之一就是它只需要极小的电力就能工作。可以说，晶体管具有非常优秀的特性。

不过，人类社会中也存在这样的情况：有些人头脑非常聪明，但体育却很差；而有些人虽然力气很大，但头脑却不太灵光。理想的情况是既有强健的体魄又有聪明的头脑，但现实中往往难以两全。

晶体管也是如此，那些灵敏度高、反应迅速的元器件，如果外部施加的刺激过强，它们就无法承受了。这在某种程度上是不可避免的。

可以说，半导体就像是一个聪明但身体较弱的人。我们需要充分了解它的特性，并巧妙地使用它。晶体管和二极管的缺点包括不耐热、不耐电、不耐湿、不耐光。接下来，我们将解释这些缺点。

15.2 ▶ 热与半导体

晶体管和二极管最敏感的就是热，也就是温度。

大家已经知道，当半导体的温度升高时，原本附着在原子上的电子会脱离原子并开始移动，参与电流的传导，导致电阻率下降。这样一来，就会引发一系列连锁反应。

在晶体管和二极管中，温度升高，反向电流会增大、输出电阻会变小、电流放大率也会下降、多余的电流也会增加。

最终，原本工作良好的晶体管在温度升高后，会变得像一块石头一样，几乎无法工作。

晶体管的失效温度取决于制造它们的材料。对于锗晶体管来说，这个温度大约是 70℃，而对于硅晶体管来说，大约是 200℃。因此，如果把锗晶体管放在炎热的阳光下，它可能会停止工作。如果在这种高温下继续施加电压，持续通过的电流会导致晶体管温度进一步升高，进而引发恶性循环，最终导致晶体管损坏，热对半导体晶体管的影响如图 15.1 所示。所以，如果感觉晶体管过热，应该立即关闭电源并冷却它。

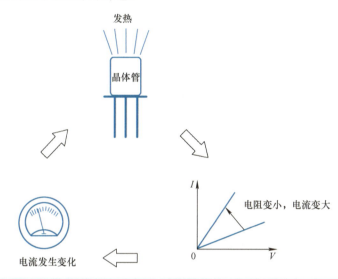

图 15.1　热对半导体晶体管的影响

此外，当大家在焊接晶体管时，也会对晶体管施加热量。不过，由于焊接时间较短，且没有施加电压，通常不会有太大的问题。但如果长时间在晶体管附近使用焊枪，还是会有影响的。虽然硅的耐受温度是 200℃，锗的耐受温度是 70℃，只要不是物理性的损坏，即使超过这些临界温度，这些半导体材料的电气特性还是可以恢复的。然而，晶体管内部不仅有硅等半导体，还使用了各种金属。例如，锗晶体管中使用的铟的熔点为 150℃，而硅晶体管中使用的合金的熔点约为 370℃。因此，如果温度达到这些金属的熔点，晶体管就会彻底损坏。

考虑到这些因素，即使在不使用晶体管时，也要注意不要让硅晶体管的温度超过 250℃，锗晶体管的温度不要超过 120℃。同样，如果错误地施加过大的电力导致温度升高，也会对晶体管造成损害。温度下降时，半导体晶体管的特性也会发生变化。虽然大家不太可能在极低温度下使用晶体管，但请记住，温度低于 –50℃时，晶体管的工作状态也会受到影响。

硅和锗的最高使用温度不同，原因在于它们的电子从原子中脱离的难易程度不同，也就是能隙不同。硅的能隙为 1.2 电子伏特（eV），而锗的能隙为 0.7eV。

当晶体管消耗大量电力时，会产生热量。就像我们剧烈运动时会发热一样。因此，不仅要关注外部温度，还要注意内部产生的热量。对于功率晶体管，通常需要使用散热器来冷却。在大功率情况下，甚至可能需要用水来冷却。

15.3 ▶ 电与半导体

晶体管始终依靠电力工作，因此说它"怕电"似乎有些奇怪，但接下来我们将解释这一点。

晶体管和二极管都是由 pn 结组成的。pn 结具有整流特性，将阻碍电流流动的方向称为反向，通常在这个方向上施加较高的电压来工作。

如果不断增加反向电压，达到某个电压时，电流会突然开始流动。这个电压被称为击穿电压。击穿电压取决于 pn 结的半导体电阻率。电阻率越小，即掺杂的杂质越多，击穿电压就越低。对于漂移晶体管和硅晶体管的发射极来说，击穿电压通常为 5～8V。相比之下，集电极通常可以承受 50～100V 的电压，而用于整流器的二极管甚至可以承受 1000V 以上的电压。

需要注意的是，当使用发射极接地的方式时，集电极的击穿电压会变得非常低。在晶体管中，通常会用 BV_{CEO} 表示晶体管基极开路时集电极 – 发射极的反向击穿电压。晶体管的电流放大系数（h_{fe}）越大，击穿电压越低，极端情况下甚至可能低于 10V。因此，即使是 9V 或 12V 的电池也可能对晶体管造成危险。这一点在高质量的晶体管上表现得尤为明显。

超过击穿电压后，电流会急剧增加，但这并不意味着绝缘被击穿，晶体管会立即损坏。如果降低电压，晶体管又会恢复正常状态。齐纳二极管就是利用这种击穿区域来工作的。

然而，这并不意味着晶体管完全安全。在高电压下，电流会大幅增加，导致功率急剧上升。例如，如果在 50V 的电压下流过 10mA 的电流，功率将达到 500mW，这对于小型晶体管来说已经无法承受了。

功率消耗会导致发热，温度升高会引发恶性循环，最终导致晶体管烧毁。接下来，我们来看看正向特性。图 15.2 所示为晶体管和二极管的正向特性，正向时，电阻非常低，但不像普通电阻那样呈线性变化。在达到某个电压之前，电流几乎不流动，超过这个电压后，电阻会急剧下降。这个电压被称为开启电压，锗晶体管的开启电压约为 0.5V，硅晶体管的开启电压约为 0.8V，由于正向时电阻非常低，如果不小心，电流可能会过大。例如，如果用 1.5V 的电池连接锗晶体管的正向，电池的内部电阻可能会导致 1～2A 的大电流流过，功率达到 1W 左右，同样会导致比较严重的发热。

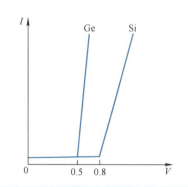

图 15.2　晶体管和二极管的正向特性

在高频晶体管中，电极之间的连接通常使用非常细的金线（金线的直径为 15μm），发热可能会导致这些线烧断。简单来说，价格越高的晶体管，线越容易烧断，这可能会导致悲剧性的后果。

有些人可能会认为，自己不会使用这样的电池，所以不用担心。但实际上，情况并非如此简单。当使用万用表测量正向导通时，万用表的电池会提供电流。如果将测量范围设置为 1Ω 左右，使用便宜的万用表（即灵敏度较低的电流表），可能会轻松流过 100mA 的电流。即使是这样的电流，也可能导致某些元件烧坏。因此，在使用万用表测量时，尽量使用较高的电阻范围（如 ×100 或 ×1000）进行测量。

近十年，绝缘栅场效应晶体管（又称 MOSFET）的使用越来越广泛。与传统晶体管相比，MOS 晶体管的输入阻抗较高，使用起来更为方便。然而，它的输入（栅极）是绝缘的，在这种情况下，耐受电压是一个问题。一旦电流流过，MOSFET 就会永久损坏。也就是说，在这种情况下，电压是唯一的问题。然而，在处理 MOSFET 时，人体或衣物可能会带有静电。这种静电电压可能高达数千伏，如果在这种带电状态下接触晶体管，晶体管可能会立即损坏。

15.4 ▶ 水与半导体

此外，晶体管对水、污垢等的抵抗能力也较弱。水对半导体器件的影响如图 15.3 所示。在图 15.3a、b 中，对 pn 结实施反向偏置，会在非常狭窄的区域内施加了很高的电压，导致这部分区域内的电场强度将非常大，这就非常容易吸引周围的电子、空穴和可移动的离子等，这将会对器件产生非常大的影响。由于水中总是含有各种离子，这些离子会传导电流，因此水是一种导电体。如果水接触到 pn 结的表面，pn 结可能会短路，如图 15.3c 所示。

即使不是水，金属等电离物质附着在表面时，它们的电荷也会吸引晶体管内部的电子，导致表面附近的电阻下降。这样一来，原本应该垂直分布的 pn 结的空间电荷层会变得不规则，如图 15.3d 所示。这种现象也被称为沟道效应，它会导致晶体管特性变差、工作不稳定。

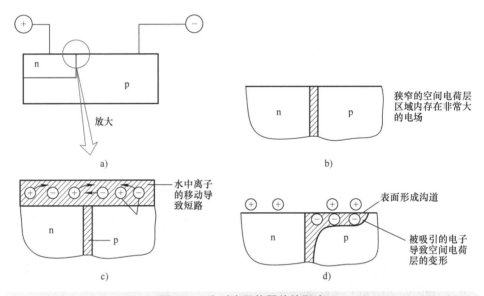

图 15.3　水对半导体器件的影响

a）对 pn 结实施反向偏置　b）放大的 pn 结
c）水接触到 pn 结表面导致 pn 结短路　d）pn 结的空间电荷层变得不规则

为了防止这些现象发生，晶体管和二极管的表面通常会用蜡覆盖，并封装进焊接的金属、玻璃容器或树脂模具中，以防止外部污垢进入。然而，这样做会导致晶体管的价格进一步上涨。

因此，晶体管最好不要暴露在容易接触到水的环境中。在海边或浴室中使用电子设备时，必须格外小心。温度的反复升降会导致晶体管中的空气进出，加速电子设备内部半导体器件的老化。

在这方面，南方地区的湿度比北方地区高，因此在制造晶体管时，会采取更严格的防护措施。

半导体对光也非常敏感。如果将晶体管裸露在外，它甚至可以变成光电晶体管。这是因为光的能量可以产生电子和空穴。虽然大家可能不太关心，但半导体对放射线、电子束等也有类似的反应。因此，晶体管和二极管通常会进行遮光处理，使用黑色树脂等材料来防止光进入内部。

然而，在实验室中处理半导体时，光和水就变得非常重要了。晶体管的引线部分通常使用玻璃封装，如果从背面照射强光，晶体管的特性可能会发生变化。同样，玻璃封装的二极管也会有类似的现象。

反过来，我们也可以利用这一点，自己制作光电晶体管或光电二极管。

● 半导体的卓越之处

正如刚才所提到的，半导体有许多"敌人"。然而，这些弱点是由于其卓越的性能所导致的。如果我们试图制造不受外部条件影响的半导体器件，性能可能会大幅下降。因此，了解半导体的优缺点并正确使用它们是非常重要的。

除了二极管和晶体管，还有许多其他元器件，如齐纳二极管、变容二极管、太阳能电池、光电晶体管、隧道二极管、晶闸管、MOSFET、绝缘栅双极型晶体管（Insulate Gate Bipolar Transistor，IGBT）、压敏电阻、热敏电阻等。近年来，激光器、耿效应振荡器、发光二极管、半导体传感器等元器件也层出不穷。

此外，近年来最重要的课题之一是前一章提到的集成电路。集成电路已经突破了半导体器件的极限，开创了全新的电子电路。通过研究集成电路，我们可以清晰地看到电子工程的时代已经近在眼前。

第 15 章　知识要点

1. 半导体虽然性能优异，但比较脆弱。
2. 半导体对温度和高压比较敏感。
3. 使用半导体时，注意光和水。

15

第 15 章　练习题

问题 1：把硅晶体管制成的收音机加热到150℃，再降低到室温，收音机能正常工作吗？那么锗晶体管呢？

问题 2：如果半导体晶体管掉在混凝土地板上，它会坏掉吗？

问题 3：一个半导体二极管能做到 1000V 的整流吗？

问题 4：为什么封装晶体管的树脂大多是黑色的呢？

第 **16** 章

晶体管的
电气特性

16.1 ▶ 扎实掌握基础知识

电子学大致可分为以下几个领域：首先是研究使用何种金属或绝缘材料的"材料"领域；其次是用这些材料制造晶体管、真空管、电阻等元器件的领域；接着是将元器件组合连接成电路；最后将电路组合成实现特定功能的设备。也就是说，通过这一过程，电子产品才能被制造出来，为人类服务。图 16.1 所示为电子产品的制造过程。

关于晶体管，到目前为止，我们已经基本掌握了材料和元器件的知识。因此，本书后半部分将重点讨论晶体管电路的基础知识。

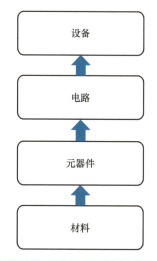

图 16.1　电子产品的制造过程

大家可能有人已经学过各种电路，甚至成功制作过放大器。但若问"电路中某个电阻为何存在，为何选择这个阻值"，许多人可能难以回答。真正理解这些的人其实并不多。

如果按照"某放大器的设计方法"这类说明书，用冗长的公式计算电阻值，难免让人感到枯燥。因此，本书并不打算讲解设计方法，而是希望大家"像学开车一样"，通过元器件的原理彻底理解电路的工作原理，将其"刻入身体记忆"。

从原理出发理解事物的人，实际上具有巨大优势。那些能设计新电路或发明新装置的人，往往正是以这种方式掌握知识的。

16.2 ▶ 二极管的电气特性

首先从二极管说起吧。二极管的外形如图 16.2 所示。

要使电流流过，至少需要 2 条线，因此，二极管是具有 2 个电极的基础元器件。由于晶体管的部分功能与二极管类似，我们先研究二极管。关于二极管的结构和原理，已在前文说明，此处重点分析其外部特性。

图 16.3 所示为二极管电阻的测量。

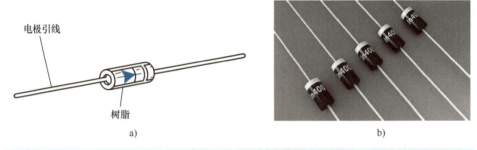

电极引线

树脂

a)

b)

图 16.2　二极管的外形

a）示意图　b）实物图

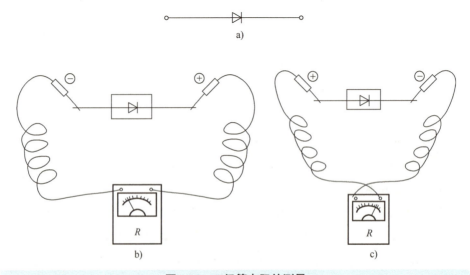

a)

R

b)

R

c)

图 16.3　二极管电阻的测量

a）二极管的符号　b）高阻态　c）低阻态

　　二极管最重要的特性是"整流性"。为验证这一点，可用万用表测量其电阻，当表笔按图 16.3b 所示方向连接时，二极管的电阻较高（呈现高阻态）；当表笔按图 16.3c 所示方向连接时，二极管的电阻较低（为低阻态）。性能越好的二极管，这种差异越明显。从二极管符号的角度考虑，在图 16.3c 中二极管的左侧施加正电压、在图 16.3c 中二极管的右侧施加负电压时电阻低，反之则电阻高。对二极管施加的电压方向表示电流是否易流通的方向，因此非常直观，非常容易理解。

　　这种电压方向不同导致电阻变化的现象称为"整流性"，也称为"非线性特性"。相比之下，电阻等则具有"线性特性"。

16.3 ▶ 测量二极管的电气特性

那么，我们知道了二极管的电阻会随着电压的方向而变化，到底是怎样变化的呢？这种时候经常使用的是电压 – 电流的特性曲线（即 I-V 特性曲线）进行精确描述。以下通过实验绘制 I-V 特性曲线，此方法同样适用于晶体管的测试。

所谓的 I-V 特性曲线，其实就是电压和电流的关系，这里用到两个仪表：一个设置为直流电压表（约 10V 量程），连接二极管箭头根部；另一个作为直流电流表（约 100mA 量程），与电池串联。二极管的 I-V 特性测试示意图如图 16.4 所示。

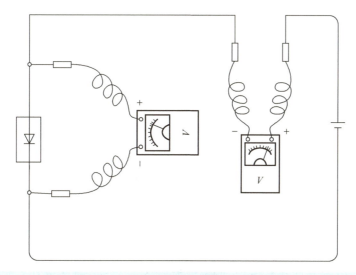

图 16.4　二极管的 I-V 特性测试示意图

图 16.5 所示为二极管的 I-V 特性。初始用一节电池（额定电压为 1.5V），此时，假设电压为 1.3V，电流为 20mA，则在图 16.5 中横轴的 1.3V、纵轴的 20mA 的交叉点处，标记为（1.3V，20mA）。通过增减电池数量或串联电阻，可测得多个数据点，连接后得到图 16.5 右半部分的曲线（正向特性），坐标原点为电压零点，因此仅显示正向特性。

接着把电池的方向颠倒，并交换表笔极性，这次就去掉了高电阻的特性。一般情况下，图 16.5 中心处的电压、电流都是 0，在它右边的是正电压（箭头侧的电压）、左边的是负电压；0 的上半部分为正向电流、下半部分为反向电流。

16

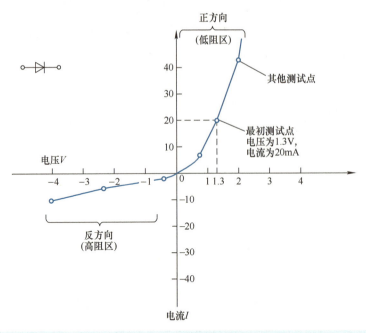

图 16.5　二极管的 *I-V* 特性

图 16.5 的右侧部分为低电阻区，称为正向；左侧因电阻高，为高阻区，称为反向，其 *I-V* 特性一目了然。

16.4 ▶ 电阻的本质

说到"电阻到底是什么"，如果被突然这么一问，确实会让人犯难。这里我们用式（16.1）来解释——欧姆定律。

$$R = \frac{V}{I} \tag{16.1}$$

听起来像是"老生常谈"？但能真正理解欧姆定律的人，才算入了门。稍微变形一下式（16.1），可得

$$I = \frac{1}{R}V \tag{16.2}$$

接下来，我们把式（16.2）画成图 16.6 所示的电阻的 *I-V* 特性，它是一条直线（一次方程），直线的斜率就是 1/*R*（斜率表示横坐标每增加 *R* 个单位，纵坐标上升 1 个单位）。因此，只要知道图 16.6 中的直线，就能立刻算出电阻值。

例如，电阻的 *I-V* 特性计算如图 16.7 所示，在图中的直线 a 上取点 X（4.5V，15mA），电流可以换算为 0.015A，此时的电阻 $R = 4.5V/0.015A = 300\Omega$；同样，在图中的直线 b 上取点 Y（2V，40mA），电流可以换算为 0.04A，所以 Y 点的电阻 $R = 2V/0.04A = 50\Omega$。

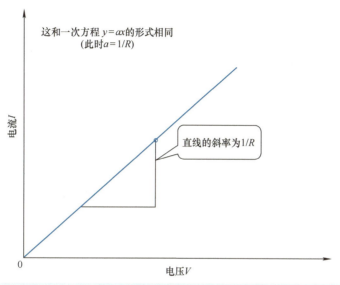

图 16.6　电阻的 *I-V* 特性

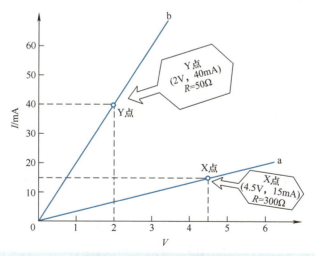

图 16.7　电阻的 *I-V* 特性计算

这样看来，电阻越小，斜率越大，直线就比较竖立；电阻越大，斜率越小，直线就比较横躺。记住这个规律，就能快速并准确地判断电阻的大小！

16.5 ▶ 二极管的电阻特性

如果用欧姆定律的方法计算二极管的电阻，会遇到一个问题——它的 I-V 特性不是直线（见图 16.5）。怎么办呢？我们可以尝试画一条近似直线，将二极管视为直线进行计算如图 16.8 所示，通过这种粗略方法计算，正向偏置时电阻约为 55Ω，反向偏置时电阻约为 450Ω，虽然结果误差不大，但这种方法显然不够严谨。

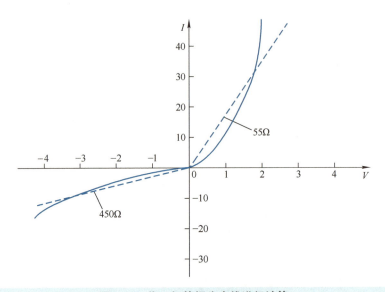

图 16.8　将二极管视为直线进行计算

对于二极管这种非线性元器件，正确的方法是用特性曲线的切线斜率计算电阻。数学上这相当于求导，因此称为微分电阻（或动态电阻）。图 16.9 所示为微分电阻的计算。

首先，在图 16.9 中的 X 点对曲线画切线，通过这条切线的斜率可以知道，当电压为 1V 时，电阻为 410Ω；到了 Y 点时，则变成电压为 2V 时，电阻为 34Ω，电阻发生了相当大的变化。二极管具有这样非线性特性的微分电阻（特别是正向偏置）时，会如图 16.9 所示随着电流的增加而降低。

为什么必须考虑这种麻烦的微分电阻呢？这是因为当大家实际设计组装晶体管电路，并输入音乐或广播等信号时，通常这些信号相比图 16.5 的 I-V 特性曲线来说非常小，因此只需关注工作点（如图 16.9a 中的 Y 点）附近的极小范围。因此只需考虑这部分放大后的图 16.9b，而这正是微分电阻的形成原因。

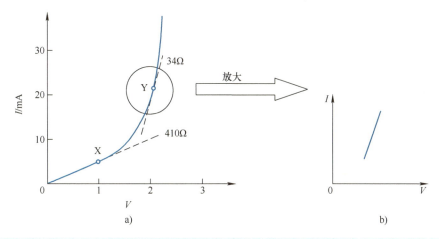

图 16.9　微分电阻（曲线上的切线）的计算

a）特性曲线　b）放大后的示意图

16.6 ▶ 晶体管的电气特性

理解了二极管的 I-V 特性后，接下来我们再来考虑晶体管的 I-V 特性。

晶体管种类繁多，这里以型号前缀为 2SB 的晶体管为例说明。2SB×××型号是使用最广泛的 pnp 低频晶体管，通常采用锗材料制备而成。

晶体管包含 3 个引脚。图 16.10 所示为晶体管引脚分布示意图，通常从背面观察时，按顺时针方向依次为 E（发射极）、B（基极）、C（集电极）。部分型号会在集电极引脚标注红点标识。

关于晶体管的内部结构与工作原理，此处不再赘述。图 16.11 所示为推测晶

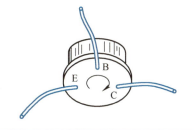

图 16.10　晶体管引脚分布示意图

体管的内部结构，再次使用万用表测量晶体管电阻，由于有 3 个引脚，需两两组合进行测量，测试组合如下：① E-B 电极间的测量；② C-B 电极间的测量；③ E-C 电极间的测量。

首先对①项 E-B 电极间进行正、反向偏置时，测量电阻。结果显示，其特性与二极管完全相同。为此我们可将晶体管符号中的 E-B 电极间等效为二极管连接（见图 16.11b）。

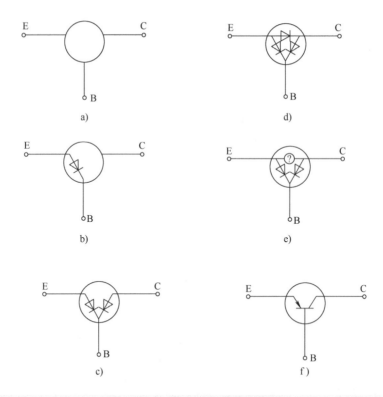

图 16.11　推测晶体管的内部结构

a）完全不清楚内部情况　b）测试 E-B 间的电极　c）测试 C-B 间的电极　d）测试 E-C 间的电极
e）先用这个符号暂时表示　f）实际代表晶体管符号

　　接着进行②项 C-B 电极间的测量，发现 C-B 电极间也存在二极管特性。将其加入符号后得到图 16.11c。进一步测试可确认基极 B 始终对应二极管符号的负极端。

　　最后进行③项 E-C 间电极的测量。令人意外的是，该 E-C 间虽呈现一定整流特性，但双向电阻值均较大。初步符号可表示为图 16.11d，但实际结构更为复杂。由于并非普通二极管，我们采用图 16.11e 的特殊符号表示该连接。

　　已知标准晶体管符号约定为图 16.11f 所示的形式。值得注意的是，该符号与我们通过万用表实测推导的等效模型存在显著相似性。

　　图 16.12 所示为各电极间的 *I-V* 特性。现在我们像测二极管那样，也来尝试绘制出晶体管的 *I-V* 特性曲线。不过这事儿有点麻烦是不是？之前二极管只有 2 个引脚，晶体管可是有 3 个引脚的，要完整测出 *I-V* 特性曲线的话，得测三组数据才行（就跟刚才用万用表测电阻一个道理）。把三组都测了，结果汇

总在图 16.12 里。E-B 电极和 C-B 电极的特性跟二极管差不多。但 E-C 电极的表现就有点不同了，无论正、反向偏置，电阻都特别高（像是被堵住了似的）。这就像测三条"电路支路"的通行状况，其中两条小路像二极管那样单向导通，第三条小路却像设置了双关卡，不管电流从哪边走都很难通过。

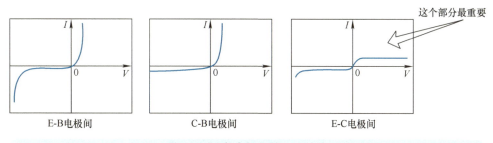

这个部分最重要

E-B电极间　　　　　C-B电极间　　　　　E-C电极间

图 16.12　各电极间的 I-V 特性

不过，3 个引脚可不能就这样简单处理。例如，在测 E-B 电极间的特性时，C 电极引脚是悬空的（没有连接任何电源）。要是给 C 电极引脚接一个电池电源或者通一个外接电流（就是集电极电流这个参数），从图 16.11 就能看出来，这时候 E-B 电极间的电阻肯定会发生改变（只要参数发生改变，关键特性就会跟着变）。

参数可以是集电极的电压、也可以是电流。不过图 16.12 有个前提条件，这是在集电极电流为 0 时才成立的（毕竟 C 电极引脚悬空时，本来就不会有电流通过）。图 16.12 是把两个电极间的电压－电流关系通过同一个图来表示，但实际测量时，可能要把发射极电压和集电极电压的关系也绘制在同一个图上。

如果参数、电极间的组合方式都改变，将会产生非常多的曲线，变得非常难以理解。其实我们真正需要的核心特性就一个：E-C 电极间的电压和集电极的电流的关系。参数设定为基极电流，对集电极施加反向偏置电压（负电压），这就是集电极输出特性。

16.7　▶ 集电极的输出特性

现在，我们来绘制一下最常用的晶体管特性——发射极接地时的集电极输出特性。实际上，晶体管电路还有其他几种连接方式，而且也有 npn 晶体管，但我们暂时只考虑这种特性。

所谓发射极接地，就是将发射极接地使其成为输入和输出的共用线，也称为共射极。因此电路连接方式，即共射极电路如图 16.13 所示，稍微旋转，使发射极位于下方。然后，将基极作为输入端（小信号的输入端）、集电极作

16

为输出端（大信号的输出端），这种用法是最常见的。为了测量输出特性，在图 16.13 中，用 20V 电压表连接集电极和发射极，测得的电压记作 V_{CE}，接下来在集电极串联 10mA 的电流表。电流方向约定为流出集电极的方向为正（就像水流表默认水流流出时为正数）。然后在电流表前接 100kΩ 可调电阻（类似音量旋钮）和一个 45V 电源。

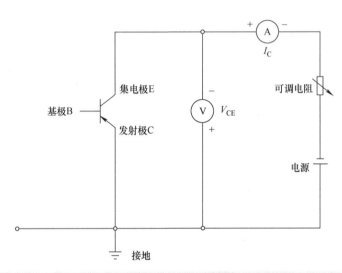

图 16.13　共射极电路

基极暂时悬空（相当于先不接控制信号）的情况下，当慢慢旋转可调电阻旋钮时，电压表指针会上升（测得 V_{CE}），电流表指针几乎不动（测得 I_C），说明此时晶体管处于"高电阻状态"（就像拧紧的水龙头，水流很难增加）。

图 16.14 所示为晶体管的输出特性。虽然实际电压是集电极比发射极低（相当于水流从高往低），但把坐标系翻转过来，如图 16.14a 所示，这样曲线更直观。X 轴标为 V_{CE} 值（实际是代表反向偏置电压），Y 轴还是正常电流方向。典型曲线特征如图 16.14b 所示，即使电压大幅增加，电流也只微微上涨，这个状态就像用砖头堵住水管，加再大的水压，水流也增加有限。工程师们正是利用这个特性来做信号放大的。

那么，关于这个时候的基极，根据图 16.13，由于它是悬空的（开路），所以没有电流流过，也就是说基极电流为 0，所以在线上标注 $I_B = 0$，此时集电极仍有微弱电流 I_{CEO}，这里下角标字母所代表的含义分别是 C（集电极电流）、E（发射极接地）、O（基极开路）。I_{CEO} 的典型值通常在产品手册中会列出，

一般为几 μA（相当于水流非常细微地渗漏）。需要注意的是，I_{CEO} 会受到电压 V_{CE} 的影响，V_{CE} 增加到 –10V 时（注意负号表示实际极性），I_{CEO} 会略有增大，类似水压越大、渗漏越明显。厂商给出的产品手册一般会注明特定电压下的值（如 V_{CE} = –10V 时，I_{CEO} 的值）。

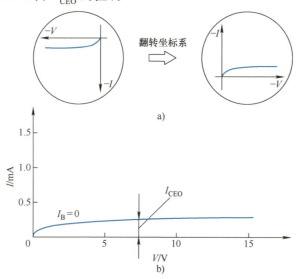

图 16.14　晶体管的输出特性

a）翻转坐标系　b）典型曲线特征

16.8 ▶ 基极电流为参数

　　这里我们新增基极供电支路，串联电池（低电压即可）+ 可调电阻 + 微安级电流表，当有基极电流通过的电路图如图 16.15 所示。确保 B-E 电极间的正向偏置（发射极 E 接电池正极，基极 B 接电池负极）。调节可调电阻，使基极电流表稳定显示为 10μA（相当于轻轻地拧开水龙头）。观测集电极现象，当 I_B = 10μA 时，集电极电流 I_C 会突然飙升至约 1mA。绘制特性曲线，保持 I_B = 10μA 不变（像固定水龙头开度），逐步调整集电极的电压（或改变可调电阻），绘制得到新的 I-V 特性曲线，图 16.16 所示为 I_B = 10μA 时输出曲线的变化。V_{CE} 超过 1V 后，I_C 基本稳定在 1mA，这类似水管达到最大流速后，再增压也不明显。

　　这里揭示了晶体管的核心能力——小电流控制大电流。就像用微动开关（10μA）操控大功率电动机（1mA），这正是放大器的工作原理！

16

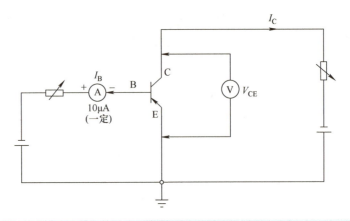

图 16.15　当有基极电流通过的电路图

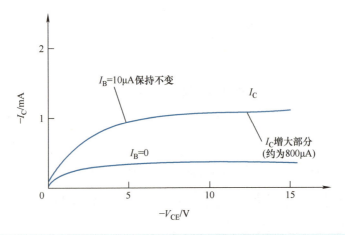

图 16.16　$I_B = 10\mu A$ 时输出曲线的变化

关于"为什么会出现这种现象",请仔查阅本书关于晶体管工作原理的内容。实际上,这种 I-V 电气特性的变化,并不仅仅是由基极电流 I_B 引起的。如果提高晶体管的温度或照射光线,也会发生完全相同的现象。

这里的关键在于,当基极电流 I_B 仅有 10μA(实际上 I_B 是从基极流出的方向,准确地说应该是 −10μA)时,输出电流 I_C(虽然也是负值)却增加了接近800μA。也就是说,电流被放大了约 80 倍(800μA/10μA = 80),这个放大倍数被称为(直流)电流放大率(或电流放大系数),记作 h_{fe},其中,h 代表混合参数(后续会详细说明),f 表示信号从输入端到输出端的正向传输,e 表示共发射极接法，e、f 均表示直流参数。

当然，这个 h_{fe} 的值越大，作为晶体管的性能就越好。晶体管相关的产品手册里大致都有记载。需要特别注意的是，如图 16.16 所示，当集电极 – 发射极电压 V_{CE} 在 –5V 和 –15V 附近时，h_{fe} 的值会有细微差异。同样，基极电流 I_B 为 10μA 和 100μA 时，h_{fe} 值也不相同。因此严格来说，必须标明 V_{CE} = –10V、I_B = –10μA 等工作点参数。这种特性在晶体管等非线性元器件（参数值会随偏置条件变化）的分析中至关重要，因为这些元器件的某些参数不是恒定的，而是随偏置变化的。

当我们把 I_B 从 10μA 逐步调整到 100μA，多次测量后就能得到图 16.17 所示的完整输出特性曲线。这个特性曲线具有非常广泛的应用价值。

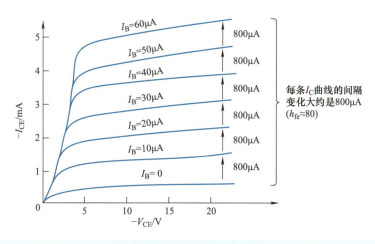

图 16.17　完整输出特性曲线

虽然图 16.17 只画了 7 条曲线，但若细微地改变 I_B，则会有更多的曲线。不要误解为只在这几条曲线上输出特性有所不同，可以认为这个图的整个表面都会被曲线覆盖。

图 16.17 的曲线不仅可以通过电压表和电流表测量获得，还可以使用晶体管曲线追踪仪直接在示波器屏幕上绘制出来，集电极输出特性曲线如图 16.18 所示。

通过这样的实验，我们就能直观地观察到基极电流 I_B 的变化及集电极电流 I_C 的增长情况。虽然我们无法直接看到晶体管内部的变化，但通过绘制特性曲线，就能大致理解它的工作原理。

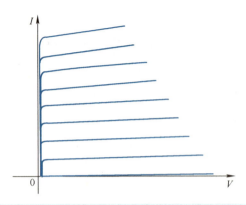

图 16.18　集电极输出特性曲线（某型号的硅材料 npn 晶体管）

第 16 章 **知识要点**

1. 二极管具有非线性特性（电流与电压不成正比）。

2. 将电阻特性绘制在图上，会呈现线性特性。

3. 晶体管发射极接地时的输出特性很重要。

第 16 章 **练习题**

问题 1：按照电子学的构成顺序，将以下 4 项按照从基础到应用的顺序排序。

　　1）回路

　　2）材料

　　3）装置

　　4）部件

问题 2：二极管的电阻通常是线性的还是非线性的？

问题 3：什么是发射极接地输出特性，该特性需要标注哪些主要参数？

第 **17** 章

半导体器件的
应用电路

17.1 ▶ 增幅电路的基础

增幅电路通常是指能够将输入信号的幅度进行放大的电子电路，也常被称为放大器电路。

它的工作原理是利用电子元器件（如晶体管、场效应晶体管等）的放大特性，将输入的微弱电信号转换为幅度更大的电信号输出。以晶体管放大器为例，通过给晶体管提供合适的偏置电压，使其工作在放大区，当有输入信号时，信号会引起晶体管基极电流的微小变化，经过晶体管的放大作用，会在集电极产生一个与之成比例的、变化幅度更大的电流，从而实现对信号幅度的放大。

增幅电路作为半导体器件的常用电路，广泛应用于各类电子设备中，能够充分发挥半导体器件的放大特性。随着现代电子技术朝着集成化方向发展，半导体工艺能够将大量的半导体器件和增幅电路集成在微小的芯片上，形成各种功能强大的集成电路（IC），如音频功率放大器芯片、射频放大器芯片等，这些芯片的发展，进一步推动了半导体器件的发展。

17.1.1 负载线的思考方法

在增幅电路中，负载线用于确定晶体管等有源器件的静态工作点、分析信号放大过程，同时，负载线的斜率由负载电阻决定，而负载电阻的大小会直接影响增幅电路的多个性能指标。在设计增幅电路时，需要根据具体的应用需求和性能指标来选择合适的负载电阻，从而确定负载线的位置和斜率。

在前面的内容中，我们讨论了输出特性，这是晶体管本身的特性。无论外部连接了什么样的电阻，这些特性都与外部无关，完全体现了晶体管本身的性质。

对于晶体管电路来说，也是如此。如果不考虑与外部连接的元器件，整个电路就无法正常工作。这就是负载线的概念。

我们来看一个例子，图 17.1 所示为负载电路示意图。图 17.1 中，在晶体管（假设为 pnp 晶体管并采用共发射极接法）的输出电路中，连接了一个负载电阻 R_L 和一个电源 V_{CC}。

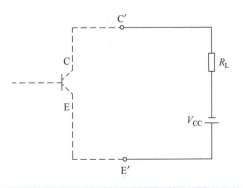

图 17.1 负载电路示意图

接着我们来分析这个电路。

晶体管的 C' 和 E' 之间的 I-V 特性会是什么样的呢？从之前的讨论可以得知，R_L 和 V_{CC} 串联电路的 I-V 特性如图 17.2 所示，在单一电阻的特性上叠加了电源电压 V_{CC}。即使电流 $I = 0$（端子开路时），C' 和 E' 两端上也会有电压 V_{CC}。因此，I-V 特性曲线相对于横轴 V 平移了 V_{CC}。然而，这样的处理方式并不合理。

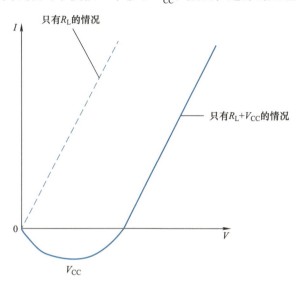

只有 R_L 的情况

只有 R_L+V_{CC} 的情况

V_{CC}

图 17.2　R_L 和 V_{CC} 串联电路的 I-V 特性

如果仅仅考虑图 17.2 中 R_L + V_{CC} 的特性，而不结合晶体管的特性进行分析，那么晶体管与外部电路之间的协作就无法实现。为了正确理解，需要结合前一章的图 16.17 和图 16.18，并将它们放在相同的坐标系中进行分析。关键在于，不是单纯分析 R_L + V_{CC} 的特性，而是要研究当这些元器件连接到晶体管时，电路中电流与晶体管端子电压之间的关系。

负载线的特性如图 17.3 所示，负载线的特性是电路中电流和晶体管端子电压之间的关系。与图 17.2 相比，它的斜率是相反的。

具体来说：

1）如果将晶体管的 C' 和 E' 端子短路（假设为理想状态），则电路中会流过电流 $I = \dfrac{V_{CC}}{R_L}$。在图 16.17 中，这对应于纵轴（电

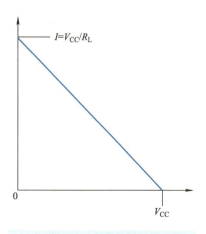

$I=V_{CC}/R_L$

V_{CC}

图 17.3　负载线的特性

17

流）上的一点。

2）如果将 C′ 和 E′ 端子开路，则晶体管两端的电压为 V_{CC}。这对应于图 16.17 中横轴（电压）上的一点。

将这两种极端情况结合起来，就可以得到图 17.3 中的负载线。

为了更清楚地理解，我们可以用具体的数值进行计算。接下来我们将在图 17.4 中引入一些具体的电路参数再次进行分析。图 17.4 所示为负载线的思考方式。

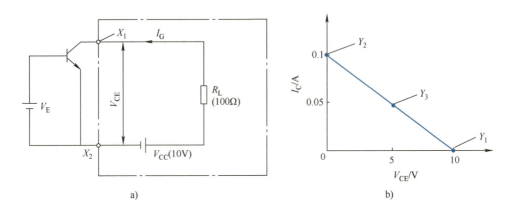

图 17.4　负载线的思考方式

a）电路图　b）负载线

首先，将点 X_1 和 X_2（集电极和发射极）断开。此时，集电极回路中的电流 I_C 显然为 0。但是，电压 V_{CE} 并不会消失，因为回路断开后，会测量到电源电压 $V_{CC}=10V$。也就是说，当 $I_C=0$ 时，$V_{CE}=10V$。这个点对应图 17.4b 中的 Y_1 点。

接着，将点 X_1 和 X_2 短路。短路后，电压 $V_{CE}=0$。此时的电流为 $I_C=\dfrac{V_C}{R_L}=\dfrac{10V}{100\Omega}=0.1A$，因此，当 $V_{CE}=0$、$I_C=0.1A$ 时，这个点对应图 17.4b 中的 Y_2 点。

接下来，在 X_1 和 X_2 之间连接一个 100Ω 的电阻。此时的电流为

$$I_C=\frac{V_C}{100\Omega+R_L}=\frac{10V}{200\Omega}=0.05A$$

集电极 – 发射极间的电压为

$$V_{CE}=100\Omega\times I_C=100\Omega\times0.05A=5V$$

这个点对应图 17.4b 中的 Y_3 点。

通过以上方法，可以依次计算出不同负载条件下的电流和电压，并将这些点连成一条直线，这条直线就是负载线，它表示回路中电压和电流的组合关系。

负载线是一条"细窄的路径"，晶体管的工作点必须位于这条线上。无论电路条件如何变化，工作点都不能偏离负载线。图 17.5 所示为只能在这个细窄的路径上行动，图中用比喻的方式说明了负载线的重要性：晶体管的工作点只能沿着这条线"行走"，无法偏离。

图 17.5　只能在这个细窄的路径（负载线）上行动

图 17.6 所示为晶体管特性与负载线的结合，展示了晶体管的输出特性曲线（即 I_C 与 V_{CE} 的关系）。每条曲线对应不同的基极电流 I_B（如 0、10μA、20μA、30μA 等）。将晶体管特性曲线与负载线结合后，晶体管的工作点必须位于两者的交点上。实际上，只有负载线与晶体管特性曲线的"微小部分"是有用的，因为工作点的变化范围有限。

假设电源电压 V_{CC} = 20V、负载电阻 R_L = 5kΩ。当 I_B = 10μA 时，从图 17.6 中可以读出 V_{CE} = 15V、I_C = 1mA（点 A）。

当 I_B = 30μA 时，从图 17.6 中可以读出 V_{CE} = 7.5V、I_C = 2.5mA（点 B）。

如果基极电流 I_B 是正弦波信号（如从 10 ~ 30μA 变化），那么集电极电流 I_C 和电压 V_{CE} 也会随之变化。这种变化会沿着负载线进行。图 17.7 所示为输入信号对输出的影响，显示了 I_B、I_C 和 V_{CE} 的变化关系，其中，I_B 是输入信号，I_C 和 V_{CE} 是输出信号。输出信号的幅度和形状都受到负载线的限制。输入信号 I_B 的变化会在负载线上产生对应的输出变化。输出信号的幅度取决于负载线的斜率和输入信号的大小。

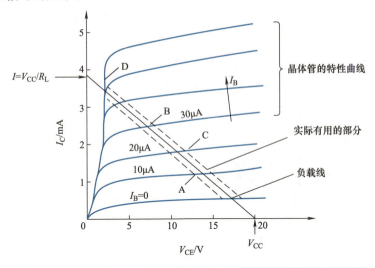

图 17.6　晶体管特性与负载线的结合

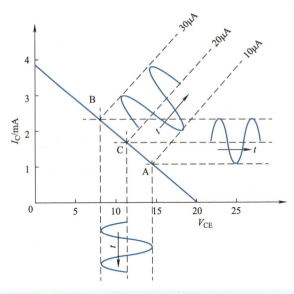

图 17.7　输入信号对输出的影响

　　图 17.6 和图 17.7 强调了负载线在晶体管电路中的重要性。负载线不仅决定了工作点的位置，还限制了输出信号的范围。图 17.7 中，I_B 的变化以 C 点（$I_B = 20\mu A$）为中心进行增减。I_C 和 V_{CE} 也会随之在各自的坐标轴上变化。虽然 I_C 的变化看起来较小，但这是因为其坐标轴的刻度更小。

　　负载线表示电路中电压和电流的组合关系，是分析晶体管工作状态的重要工具。晶体管的工作点必须位于负载线和特性曲线的交点上。输入信号的变化会沿着负载线引起输出信号的变化，输出信号的范围受到负载线的限制。

17.1.2 什么是动态工作点

动态工作点就像你站立时脚的位置，是电子元件（如晶体管）在没有输入信号时的工作状态。图 17.7 中没有信号时，负载线上的点（C 点）称为工作点。这个工作点是 $V_{CE} = 12V$、$I_C = 1.8mA$、$I_B = 20μA$。当输入信号很小的时候，动态工作点稍微偏一点没关系。但当信号变大时，最好让这个点靠近负载线的中间位置，这样输出效果会更好。

为了说明这个问题，特意把动态工作点放在了 A 点（位置不合适），并给晶体管的基极输入一个峰值变化量为 40μA 的交流信号（从波峰到波谷的变化量）。工作点不合适时产生的失真如图 17.8 所示，输入到基极的电压波形是标准的正弦波。但当基极电压变成负向（反向偏置）时，基极电流 I_B 就变成了 0，没有电流流动。结果导致输出波形的下半部分被切掉，波形严重失真（变形）。

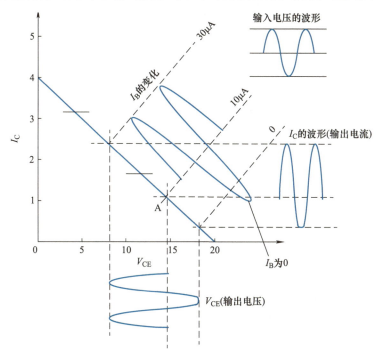

图 17.8 工作点不合适时产生的失真

因此可以看出，动态工作点选得不好（如 $I_B = 0$ 时），对电路的性能非常不利。

17

17.2 ▶ 偏置电路的基础

偏置电路是一种用于为电子元器件（如晶体管、场效应晶体管等）提供合适直流工作点的电路。它的作用如下：

1）设置合适的工作点。确保电子元器件在输入信号的整个周期内都能处于正常的工作状态，避免信号失真。以晶体管为例，若没有合适的偏置，当输入信号为负半周时，晶体管可能会截止，导致输出信号的负半周丢失，产生失真。

2）稳定工作点。减小由于温度、电源电压波动等因素引起的工作点变化，提高电路的稳定性和可靠性。例如，当环境温度变化时，晶体管的参数（如电流放大系数）会发生变化，偏置电路能够通过自身的反馈机制，自动调整工作点，使晶体管的工作状态保持相对稳定。

偏置电路的常见类型如下：

1）固定式偏置电路。结构简单，由一个电阻连接电源和晶体管的基极构成。它为晶体管提供一个固定的基极电流，从而确定其工作点。但这种电路的稳定性较差，容易受温度等因素影响。

2）分压式偏置电路。在固定式偏置电路的基础上增加了两个分压电阻和一个发射极电阻。通过分压电阻为晶体管基极提供一个稳定的偏置电压，发射极电阻则引入负反馈，进一步稳定工作点。这种电路稳定性较好，在实际中应用广泛。

偏置电路是半导体器件常见的应用电路，它的性能直接影响到整个电路的工作质量和稳定性。

17.2.1 设计简单的偏置电路

为了让晶体管稳定地工作，我们需要给它一个合适的初始状态（称为"偏置"），就像运动员比赛前要先热身一样。现在我们来设计一个简单的偏置电路。简单的偏置电路设计如图 17.9 所示，假设晶体管有图 16.17 所示的输出特性，之前我们用的是 20V 的电源电压和 5kΩ 的负载电阻，现在我们改用 15V 的电源电压 V_{CC} 和 3kΩ 的负载电阻。如果我们想要输出电压 V_{CE} 为 −10V，我们该如何选择动态工作点呢？根据特性曲线（见图 16.17），在横轴的 −15V 位置（也就是电源电压的位置），对应的电流是 −15V/3000Ω = −5mA，将这个点与 V_{CE} = −10V 的点连成直线，交点对应的基极电流 I_B 约为 −20μA。因此，我们可以用图 17.9a 的电路来实现，在输出侧连接负载电阻。输入侧用一个约为 3V

的电池（标记为 V_{BB}），再加上一个可调电阻，调整基极电流 I_B 为 –20μA，就能达到期望的动态工作点。

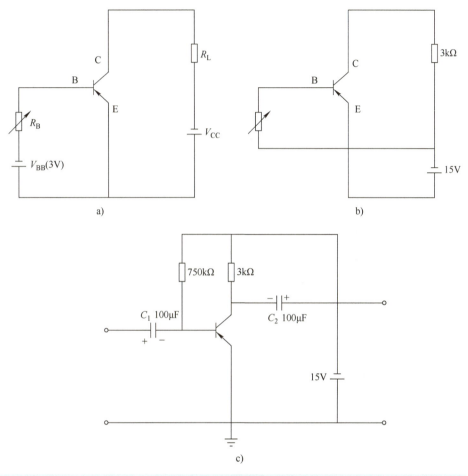

图 17.9　简单的偏置电路设计

a）输出侧连接负载电阻　b）合用一个电池　c）用电容来隔开直流信号

但使用可调电阻比较麻烦，所以我们考虑把输入电压 V_{BB} 改为 15V（与电源电压相同）。如果我们假设晶体管基极－发射极之间的电压降很小（通常都成立），则基极电阻 R_B 为

$$R_B = \frac{V_{BB}}{I_B} = \frac{15V}{20\mu A} = 750k\Omega$$

17

这样我们就确定了基极电阻的大小。

仔细一想，我们用的电源电压 V_{CC} 和基极电压 V_{BB} 都是15V，何必用两个电池呢？这不是浪费吗？所以我们动动脑筋，把它们合用一个电池（见图17.9b），这样也能达到 $I_B = -20\mu A$ 的效果。再进一步考虑，我们输入的信号通常是交流信号，为了避免直流电压影响后面的电路，我们用电容来隔开直流信号，如图17.9c 所示。

因为此时晶体管的集电极电压约为 –10V，如果直接连接到下一级晶体管的基极，会造成麻烦。图17.9c 就是这样一个非常实用的偏置电路，在实际中经常使用。不过，这种简单电路对锗（Ge）晶体管来说，温度特性不太好，因此锗晶体管一般会用更复杂的电路。但如果是硅（Si）晶体管，这种简单电路也完全够用。

那么电路中电容 C_1、C_2 的容量该如何确定呢？电容和电阻组合在一起时，会形成一个"时间常数"，用 RC 表示。如果这个电容容量太小，低频信号就无法顺利通过了。假如晶体管的输入电阻是 $1k\Omega$，为了能通过最低为10Hz的信号，我们需要的电容为

$$C = \frac{0.1s}{1000\Omega} = 0.0001F = 100\mu F$$

通常为了获得较大的容量，我们会用电解电容。注意电解电容有正、负极，一定要按图17.9c 所示的方向连接。

最后，我们再考虑一下负载电阻 R_L 的大小会有什么影响。图17.10 所示为负载电阻的影响，如果 R_L 非常大，负载线就会变得很平缓（见图17.10a），此

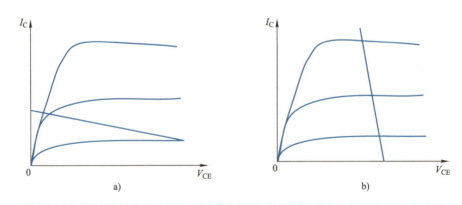

图17.10 负载电阻的影响

a）R_L 大的情况   b）R_L 小的情况

时集电极电流 I_C 几乎不怎么变化，但输出电压 V_{CE} 变化很大。因此虽然输出电压很大，但动态工作点难以选择，容易不稳定而导致失真。相反，如果 R_L 很小，负载线就会变得很陡峭（见图 17.10b），此时电流变化很大，但输出电压却很小，因此，存在一个最合适的负载电阻值。但在实际电路中，由于后一级电路的输入阻抗会与负载电阻并联，使得实际情况变得更加复杂。

17.2.2　利用活性区域

回到图 17.6，再次观察一下输出特性。如果在这个晶体管中，我们让基极 B 的电压变成正的，也就是说，让 B 和 E 的结合处处于反向偏置状态。这时，虽然会有一点点正的基极电流 I_B 流入基极，但是这个电流非常小，几乎可以看成是 $I_B=0$，因此就变成了 $I_B=0$ 的那条线。在这种情况下，晶体管完全不工作（这种状态就叫作截止区域）。

那么反过来再看图 17.6，如果我们让 I_B 变成 $-100\mu A$，会发生什么情况呢？负载线和特性曲线会交叉在 D 点，这之后再怎么增加 I_B，晶体管也不会再继续工作了。在这个 D 点上，只要集电极电流 I_C 超过 $60\mu A$，就一定会停在这个位置，也就是说，完全无法再继续放大。

这种情况其实就是输入信号太大了，以至于输出端的电源即使全部用上，也无法满足需求，可以说是"吃得太饱了"，这种状态就叫作饱和状态。在饱和状态下，集电极处会因为电压不足，已经无法继续保持反向偏置了。

由此可见，晶体管有三种不同的工作区域（截止、活性、饱和）。

我们平时所考虑的放大电路，其实只用到了上述三种区域中的中间那一段——也就是工作效率最高的活性区域，这种方式也叫作线性放大；而另外两种区域（截止、饱和）则被积极地用在了开关电路中，也可以理解为脉冲放大器，当然，这种情况下晶体管的工作点会严重偏离最佳位置，导致输出波形严重失真，但对于脉冲信号来说，这种失真并不是问题，从晶体管的特性来看，只不过是在负载线上从一端跑到另一端而已，但即便如此，它依然很好地完成了放大的任务。

17.2.3　思考放大电路

为了让晶体管能够良好地工作，需要满足以下条件：

1）将工作点设定在输出特性的中心附近（确保信号不会失真）。

2）为了实现这一点，需要根据负载电阻的值绘制负载线。

3）为了让工作点处于理想位置，需要设定集电极电压 V_{CE} 和基极电流 I_B。

4）为了让基极电流流动，还需要设定基极电阻。

以上就是基本的步骤。这些内容将在图 17.11 中进行说明。图 17.11 所示为简单的共射极偏置电路及其作用，尽管简单，但它已经能够很好地工作了。所以，我们暂时以这个电路为例继续进行讨论。

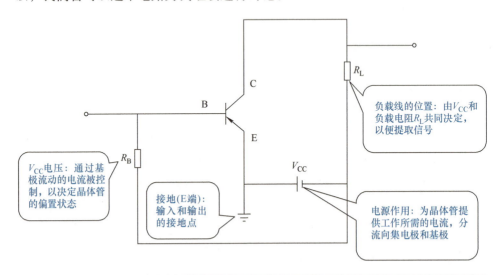

图 17.11　简单的共射极偏置电路及其作用

17.2.4　偏置的意义

如图 17.11 所示，必须为集电极和基极提供偏置电压和电流。那么，为什么需要这么麻烦呢？小信号放大成大信号，也就是"放大"的过程，其实意味着电能的增加。然而，如果电能能够无缘无故地增加，这就违反了能量守恒定律。因此，我们需要以另一种形式的能量（即直流电能）作为偏置，并将其中的一部分转换为交流能量。这也就是说，放大的过程实际上是一种能量形式的转换。

这就像我们一边吃饭一边工作一样。通过进食，我们的身体始终保持在可以活动的状态。如果吃得太少，就无法有效工作；但如果吃得太多，也会适得其反。同样，偏置电路中的"偏置"也是如此：偏置太少不行，太多则会损坏晶体管。

通过合理的偏置设置，可以确保晶体管高效且稳定地工作，同时避免过度或不足导致的问题。这是放大电路设计中至关重要的一环。

17.2.5　输出特性与负载线

负载线的引入方式如图 17.12 所示,这是我们之前多次提到的共射极输出特性曲线群。

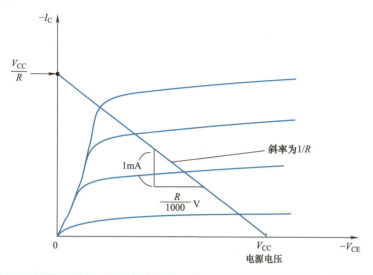

图 17.12　负载线的引入方式

在这里,我们需要在这些曲线中画出负载线。负载线是一条从左上到右下的倾斜直线,具体位置由电源电压 V_{CC} 和负载电阻的值决定。那么,应该将负载线画在哪里呢?输出特性中负载线的可选区域如图 17.13 所示。

1)如果集电极电压 V_{CE} 过高,晶体管将损坏(图 17.13 右侧曲线外侧区域)。

2)如果电流过大,晶体管也会烧毁(图 17.13 上端区域)。

3)即使电压、电流都在允许范围内,但两者相乘的结果(即功率)超过一定限度,也会因发热而损坏。

在图 17.13 中,功率限制线是一条 $V_{CE}I_C$ 的恒定曲线(图中右上方曲线)。晶体管的工作点不能超出这个范围。

此外,如果 V_{CE} 过低或 I_C 过小,输出信号可能会出现失真。这是因为晶体管的特性在这些情况下会变得不再线性,导致输入信号和输出信号的波形形状不一致。在图 17.13 中,可以看到以下限制区域:

1)过热限制。当功率过大时,晶体管会因发热而受损。

2)电流限制。当电流过大时,晶体管无法正常工作。

3)电压限制。当电压过高时,晶体管会被击穿。

17

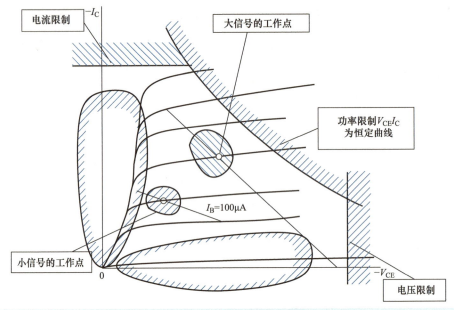

图 17.13　输出特性中负载线的可选区域

　　为了避免这些问题，工作点应尽量靠近图 17.13 中坐标轴的原点方向（即靠近 $-V_{CE}$ 和 $-I_C$ 的较小值区域），虽然不同工作点的范围有所差异，但大致可以从图中看出最优区域。

　　此外，这些范围会因温度等因素发生变化，因此需要使用其他偏置电路来应对这些问题，这将在后文中介绍。

17.2.6　基极电阻的设置

　　在图 17.11 中，基极电流 I_B 的大小由基极电阻 R_B 决定。那么，如何确定 R_B 的值呢？将基极和发射极之间的回路提取出来，如图 17.14 所示，电源 V_{CC} 提供的电流通过 B（基极）流向 E（发射极），经过基极电阻 R_B 返回电源。在基极和发射极之间存在电压降（记为 V_{BE}），这是由电流 I_B 流过时产生的。

　　那么 V_{BE} 的值是多少呢？对于硅晶体管来说，基极与发射极之间的特性与 pn 结的正向特性相同。以图 17.15 所示的基极与发射极间的电压降为例，当基极电流为 200μA 时，V_{BE} 约为 0.6V。可以看出，即使基极电流变化，V_{BE} 的值也不会有太大变化。

　　换句话说，无论何时，基极和发射极之间的电压降约为 0.6V。如果电源电压 V_{CC} 为 12V，那么 0.6V 仅相当于 V_{CC} 的 1/20，因此基本可以忽略 V_{BE} 对整个电路的影响。

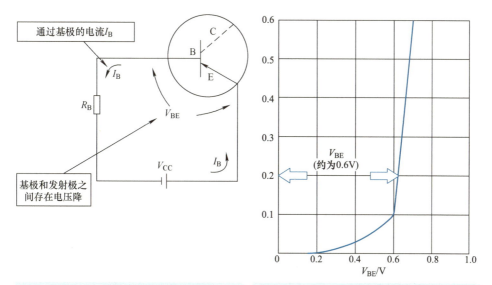

图 17.14 将基极和发射极之间的
回路提取出来

图 17.15 基极与发射极间的
电压降（V_{BE}）

接下来是确定基极电阻 R_B。

$$R_B = \frac{V_{CC}}{I_B} \qquad (17.1)$$

其中，I_B 是希望流过基极的电流。对于硅晶体管，V_{BE} 通常为 0.6V。对于锗晶体管，V_{BE} 通常为 0.4V。

17.2.7 固定偏置电路

我们之前讨论的图 17.11 中的电路，称为"固定偏置电路"。这种电路是偏置电路中最简单的一种，虽然它有些缺点（后面会提到），但在实验等场合中被广泛使用。

接下来，我们通过一个实际例子来讲解如何设计这样的电路。这里我们以 2SB56 晶体管为例（这种晶体管是锗材料、合金型的 pnp 晶体管）。2SB56 晶体管的输出特性如图 17.16 所示。这些特性通常都会在晶体管的产品手册中列出。

对于 2SB56 晶体管，其集电极 – 发射极电压的最大额定值（超过这个值会损坏）约为 25V。因此，电源电压 V_{CC} 设置为 12V 较为安全。如果信号较小，6V 也是可以满足要求的。

17

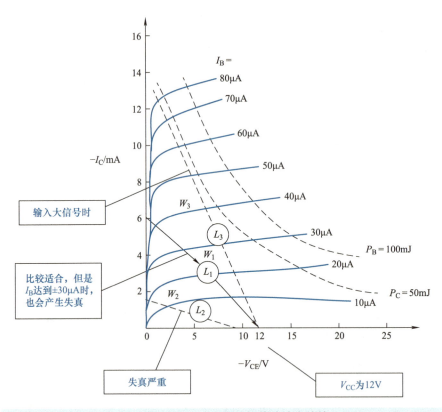

图中文字标注：

$I_B =$

80μA
70μA
60μA
50μA
40μA
30μA
20μA
10μA

$P_B = 100mJ$

$P_C = 50mJ$

$-I_C/mA$

W_3

W_1

W_2

L_3

L_1

L_2

$-V_{CE}/V$

输入大信号时

比较适合，但是 I_B 达到±30μA时，也会产生失真

失真严重

V_{CC}为12V

图 17.16　2SB56 晶体管的输出特性

从图 17.16 中可以看到，50mW 的功率限制线已经标出。对于这个晶体管，其最大功耗为 150mW，因此 50mW 以内是非常安全的。虽然可以通过查阅相关产品手册来确认最大额定值，但通常输出特性曲线不会超过最大额定值，因此只要在特性曲线的内部区域（靠近原点的部分）使用，就不会有问题。

接下来，我们在图 17.16 中画出负载线。将 V_{CE}（横轴）设置为 –12V（即电源电压 V_{CC}），然后以适当的斜率画出一条直线。如果负载线像 L_2 那样较平（倾斜度较小），可以获得较大的增益。但从图中可以看出，I_B=10μA 以下的区域没有曲线，这表明在该区域线性度较差，输入信号稍微增大就会产生失真。因此，选择类似 L_1 的负载线是更好的选择。

如果输入信号基极电流 I_B 较大，达到 ±30μA 左右，则即便使用 L_1 的负载线，也会出现失真。这种情况下，只能通过以下方法解决：

1）将负载线移到 L_3 的位置（通过增大负载电阻）。

2）增加电源电压 V_{CC}。

3）更换功率更大的晶体管。

如果确定 L_1 是合适的负载线，那么需要选择其中心附近的工作点。回看图 17.11，计算电阻值：

$$R_L = \frac{V_{CC}}{I_C} = \frac{-12V}{-6mA} = 2k\Omega$$

工作点对应的基极电流 $I_B=20\mu A$，则

$$R_B = \frac{V_{CC}}{I_B} = \frac{12V}{20\mu A} = 600k\Omega$$

设计完成的电路如图 17.17 所示，电源电压 $V_{CC}=12V$，负载电阻 $R_L=2k\Omega$，基极电阻 $R_B=600k\Omega$。通常情况下，R_L 的值为 $1 \sim 10k\Omega$，R_B 的值根据晶体管不同，通常为 $100k\Omega \sim 1M\Omega$。

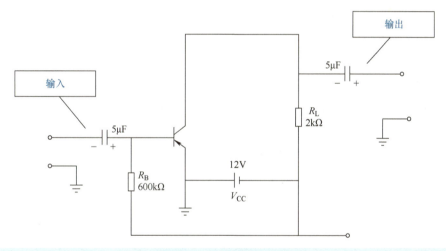

图 17.17 设计完成的电路

此外，实际电路中需要加入电容来切断直流信号（图 17.17 中使用了 $5\mu F$ 的电容）。这部分内容会在后续讨论。

如果相关产品手册中没有输出特性曲线，只有电气特性表，可以通过以下方法进行粗略设计：

1）确定电源电压 V_{CC}。

2）选择适当的集电极电流 I_C。

① 对于小信号晶体管，$1 \sim 5mA$ 是较为合适的范围。

② 在图 17.16 中，$I_C = -2.5\text{mA}$ 是一个典型值。

计算功耗 $V_{CC}I_C$，以确认是否在安全范围内。例如，$P = V_{CC}I_C = 12\text{V} \times 2.5\text{mA} = 30\text{mW}$，这个功耗远低于该晶体管的最大额定值 150mW，因此是安全的。

从相关产品手册中可以找到晶体管的（直流）电流放大系数 h_{fe}。假设 $h_{fe}=100$，则基极电流为

$$I_B = \frac{I_C}{h_{fe}} \tag{17.2}$$

在上面的例子中，基极电阻 R_B 为 2.5mA/100=25μA。因此 R_B 的值为 12V/25μA=480kΩ。

需要注意的是，即使是同一种晶体管，h_{fe} 的值也可能有较大差异（如 50~150）。因此，R_B 的值需要根据每个晶体管的具体 h_{fe} 值进行调整。不过，通常相关产品手册中会提供一个标准值，可以直接使用该值进行计算。以上是固定偏置电路的设计方法及实例分析。

17.2.8　特性不是恒定的

我们之前讨论的"固定偏置电路"简单易懂，但也有一些缺点。第一个缺点是温度会影响晶体管的特性，这可能导致以下问题：

1）动作点的位置发生变化，波形出现失真。

2）在更严重的情况下，晶体管可能因发热而损坏。

晶体管周围的环境温度在夏天和冬天可能相差 30℃，此外，晶体管在工作时自身也会发热。图 17.18 展示了同一晶体管在不同温度下（低温、室温、高温）输出特性的变化。

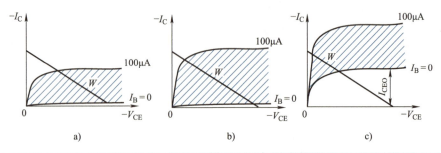

图 17.18　同一晶体管在不同温度下输出特性的变化（基极电流 $I_B=0\sim100\text{μA}$）

a）低温（0℃）　b）室温（25℃）　c）高温（60℃）

1）低温（0℃）。动作点偏移到不适当的位置，无法正常工作。

2）室温（25℃）。动作点处于最佳位置（I_B=50μA），特性正常。

3）高温（60℃）。动作点再次偏移到不适当的位置，特性变差。

从图 17.18 中可以看出，温度升高时，特性曲线整体向右上方移动，影响了晶体管的正常工作。

第二个缺点是即使是同一种型号的晶体管，其电流放大系数（h_{fe}）也会有很大差异。使用固定偏置电路，相同型号但 h_{fe} 不同的晶体管动作点可能会像图 17.19 中那样发生显著偏移，导致设计的电路无法正常工作，并可能引起信号失真。图 17.19 所示为同型号晶体管在 h_{fe} 不同时的影响。

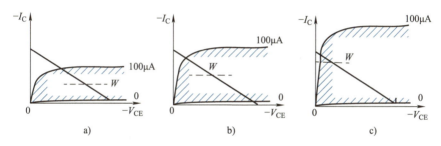

图 17.19 同型号晶体管在 h_{fe} 不同时的影响（基极电流 I_B =50μA 固定）

a）h_{fe}=50 b）h_{fe}=100（标准） c）h_{fe}=150

温度变化和晶体管本身的差异会对电路性能产生较大影响。因此，需要通过改进偏置电路来尽量减小这些影响。接下来，我们将探讨如何改进。

17.2.9 温度为何会影响特性

让我们思考一下，为什么温度升高会像图 17.18 中那样改变输出特性。

我们来看看这个问题。在输出特性中，基极电流为 0 的线被称为 I_{CEO}（集电极 – 发射极截止电流），这在之前已经做过说明。现在观察图 17.18 的高温部分，可以发现这个 I_{CBO} 显著增加。理论上，这个电流应该越小越好。

集电极 – 基极间漏电流 I_{CBO} 的流动路径如图 17.20 所示，集电极和基极之间连接着一个电阻。需要注意的是，这个电阻并非外部人为添加的，而是晶体管内部自然存在的。这种电阻通常不具备线性 I-V 特性（不同于普通固定电阻）。通过这个电阻流动的电流并不是正常工作所需的电流，因此被称为"漏电流"。由于它流经集电极和基极，故命名为 I_{CBO}。从电路角度看，这个 I_{CBO} 的流动路径是从发射极出发，经过基极返回电源，如图 17.20 中虚线的箭头所示。

17

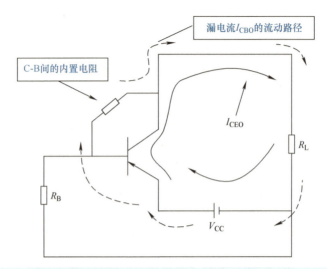

图 17.20　集电极 – 基极间漏电流 I_{CBO} 的流动路径

I_{CBO} 对温度变化非常敏感。一般来说，温度每升高 10℃，I_{CBO} 就会翻倍。以锗材料小信号晶体管为例：

1）25℃时，I_{CBO} 约为 5μA，若 h_{fe} 为 50，则 I_{CBO} 为 250μA。

2）45℃时，I_{CBO} 增至 20μA（4 倍），I_{CEO} 则达到 1mA（20μA×50），这种变化会导致输出特性显著改变。

但是硅晶体管的 I_{CBO} 是锗晶体管的 I_{CBO} 的 1/100 以下，因此受温度影响较小。

还有一点，图 17.15 中的基极 – 发射极（B-E）特性也会随温度变化。温度升高时，特性曲线会左移，导致基极电流发生微小变化（趋向增加）。

由于温度会显著改变晶体管特性，必须通过补偿措施来稳定电路性能。

17.2.10　安全偏置电路

电流反馈偏置电路如图 17.21 所示，在发射极与电源之间接入电阻 R_E，同时在基极与地之间接入另一个电阻 R_1。这种电路被称为**电流反馈法**或**基极分流法**，并被广泛使用。接下来我们仔细分析这个电路。

首先来看图 17.20 中的漏电流 I_{CBO} 是如何流动的。图 17.22 所示为 I_{CBO} 的大部分会通过 R_1，在图 17.22 中只画出了这一部分。如果将电阻 R_1 的阻值设置得足够小，那么 I_{CBO} 的大部分会流经 R_1，几乎不会流向基极。因此，实际流入基极的电流会非常小（见图 17.22 中的细线）。即使温度变化导致 I_{CBO} 发生变化，输出特性曲线（即 I_{CEO}，当 $I_B=0$ 时）几乎不会受到影响。

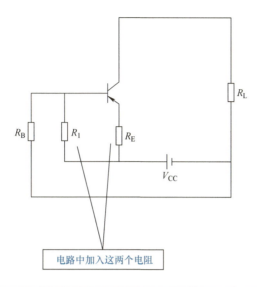

图 17.21　电流反馈偏置电路

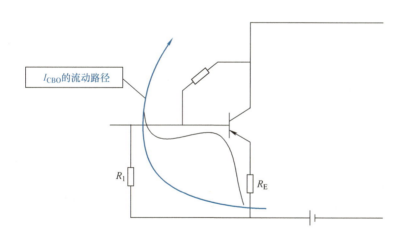

图 17.22　I_{CBO} 的大部分会通过 R_1

　　另外，如果温度升高，导致某些原因使 I_C 增加时，会发生图 17.23 所示的现象。图 17.23 所示为负反馈的作用，当 I_C（通常与 I_E 几乎相等）增大时，它会流经电阻 R_E，从而在 R_E 上产生电压降。这一电压降会通过 R_1、基极和发射极形成电流，这个电流方向恰好与基极电流相反。因此，基极的有效电流会减少，最终使得 I_C 的增加受到抑制，保持在一个稳定的值。

17

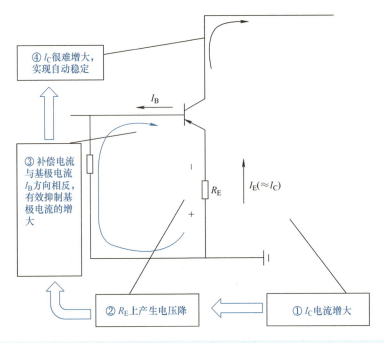

④ I_C 很难增大，实现自动稳定

③ 补偿电流与基极电流 I_B 方向相反，有效抑制基极电流的增大

I_B

R_E

$I_E(\approx I_C)$

② R_E 上产生电压降

① I_C 电流增大

图 17.23　负反馈的作用

这种效果在更换晶体管时也非常有用。假如更换了一个电放大系数 h_{fe} 较大的晶体管，虽然同样的基极电流 I_B 会导致更多的集电极电流 I_C，但由于基极电流 I_B 会因此减少，最终可以使 I_C 维持在一个大致恒定的值。

当输出发生某种变化时，将这一变化的结果反馈到输入端，可以用来消除或增强这种变化的方法称为反馈（Feedback）。如果反馈的目的是消除输出的变化，就称为负反馈。在本电路（即图 17.23 的电路）中，负反馈通过抵消基极电流的方式来稳定集电极电流。

由于温度变化会影响基极 – 发射极间的特性，我们可以通过图 17.24 所示的方法进行补偿。图 17.24 所示为 V_{BE} 的补偿，在发射极接地的晶体管中，如果加入反馈电阻 R_E，那么基极与地之间的等效电阻大致为 $R_E h_{fe}$。这是因为基极电流 I_B 流经 R_E 后，会产生一个电压降，这个电压降相当于被放大了 h_{fe} 倍。因此，等效电阻就相当于一个被放大了 h_{fe} 倍的高阻抗。

如果将 R_E 设计得足够大，那么基极 – 发射极间的电阻几乎可以忽略不计。此外，如果将 R_B 和 R_1 设计的足够小，那么基极电压 V_B 和基极电流 I_B 几乎不会受到影响，从而确保负反馈能够有效工作。

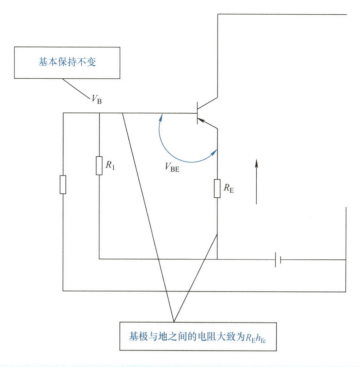

基本保持不变

V_B

R_1

V_{BE}

R_E

基极与地之间的电阻大致为$R_E h_{fe}$

图 17.24　V_{BE} 的补偿

17.3 ▶ 偏置电路的设计

　　在前面的内容中，我们讨论了如何在设计晶体管的发射极接地放大电路时，正确连接偏置电路的问题。所谓的"偏置"，换句话说，就像是"生活条件"。每个人都需要一个稳定的家庭作为生活的基础，这样每天就可以在良好的状态下通勤工作。

　　如果生活中发生了一些小问题（如家人生病、电力或自来水停止供应、公交罢工、甚至是家中进了小偷），即使是很小的事情，也会对人的精神状态产生很大的影响。

　　晶体管的"生活条件"与人类类似。我们希望能够给晶体管提供良好的偏置条件，并确保这些条件能够长期稳定地维持下去。然而，要实现这一点并不简单。虽然稍微扯远一点，但真正意义上的理想放大器，应该是不需要复杂的偏置电路的。从这个角度来看，晶体管比真空管更好一些，但仍然算不上完美的元器件。

17

图 17.25 所示为标准偏置电路及其作用，展示了一个已经设计完成的标准电路。其原理可以总结为以下两点：

1）通 R_1 和 R_2 保持基极电流稳定。这两个电阻的分压作用，用来设定基极电压，从而保持基极电流不变。

2）通过加入 R_E 实现电流反馈。R_E 两端产生的电压会影响基极电流，进而稳定集电极电流。这就是通过电流反馈来实现稳定性的原理。

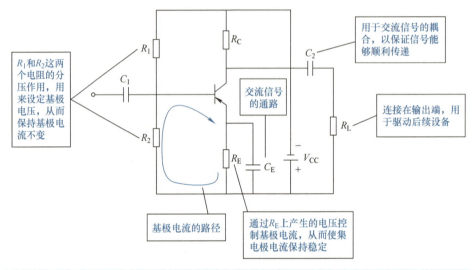

图 17.25　标准偏置电路及其作用

17.3.1　负载线的考虑

那么，让我们来看看这个电路（即图 17.25 中的电路）中输出特性和负载线的关系是如何体现的，在这个电路中，集电极回路（即电源、集电极和发射极之间的回路）中包含的电阻是 R_C 和 R_E。因此，负载线需要考虑 $R_C + R_E$。仅考虑直流电流时的流经路线和负载线如图 17.26 所示。例如，如果 $V_{CC}=12V$，那么图 17.26b 中，横轴为 12V，而 $R_C + R_E = 4k\Omega$ 时，图 17.26b 中纵轴的值为

$$\frac{12V}{4k\Omega} = 3mA$$

于是，可以画出通过上述点的直线（见图 17.26b）。

这里需要注意的是，这条负载线是针对直流情况的。在电路中虽然有 C_E 和用于级间耦合的 C_2，但对于直流电流来说，这些电容是无关的。因此，直流电流仅流经图 17.26a 中所示的路径。这条直线便是"直流负载线"。

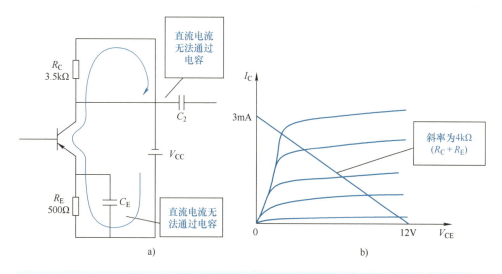

a)

b)

图 17.26　仅考虑直流电流时的流经路线和负载线

a）直流电流的路径　b）负载线

接下来，我们再来考虑作为信号输入的交流情况。仅考虑交流电流时的流经路线如图 17.27 所示。大家可能已经知道，交流电流可以通过电容流通。因此，交流电流的路径如图 17.27a 所示，会通过 C_E。此外，还会经过耦合电容 C_2，并影响到连接在后续级的 R_L（如下一级晶体管的输入电阻）。最终，交流情况下的总电阻是 R_C 和 R_L 的并联组合，如图 17.27b 所示。

在这种情况下，可能会有疑问：电源 V_{CC} 会发生什么？实际上，电源的内部电阻可以认为是 0。因此，交流电流会直接通过电源，使得 R_C 看起来像是接地一样。因此，交流电流的等效电阻比 R_C 更小。例如，若 $R_C = 3.5\text{k}\Omega$、$R_L = 5\text{k}\Omega$，那么它们的等效电阻为

$$\frac{1}{R_{eq}} = \frac{1}{R_C} = \frac{1}{R_L} \Rightarrow R_{eq} \approx 2\text{k}\Omega$$

于是，我们可以重新绘制负载线。这次，由于电阻变小了，负载线的斜率变大，如图 17.27c 所示。需要注意的是，直流工作点（W 点）保持不变，因为直流基准电流没有变化，信号只是围绕这个点波动。

这一现象表明，对于直流（或频率非常小的信号）和交流（如音频信号），电流放大系数是不同的。尽管它们都经过同一个晶体管，但由于外部电路中直流和交流的路径不同，这使得直流和交流的放大系数产生了差异，有些不可思议，不是吗？

17

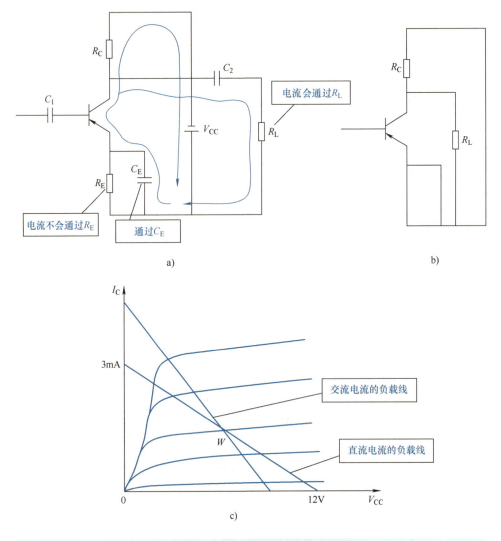

图 17.27　仅考虑交流电流时的流经路线

a）交流电流的路径　b）简化的电路图　c）负载线

17.3.2　确定电阻值

我们来为图 17.25 中的各个电阻值进行设定。在此之前，R_L 通常是下一级晶体管电路的输入电阻，大约为 5kΩ，因此我们设定为

$$R_L = 5\text{k}\Omega$$

接下来，我们要确定工作点。根据晶体管的输出特性，对于一般的小信号晶体管，我们假设集电极电流 I_C=2mA，集电极 – 发射极电压 V_{CE}=5V。

在这个工作点下，为了信号不失真，同时尽可能选择较大的负载电阻，我们可以参考图 17.28，画出负载线。图 17.28 所示为基于负载线的负载电阻的求法，通过工作点 W，可以找到电流 I_C=4.5mA 的点。考虑斜线所形成的三角形，电流为 2.5mA，电压为 5V，因此负载电阻为

$$R = \frac{5\text{V}}{2.5\text{mA}} = 2\text{k}\Omega$$

这就是交流负载线的斜率。

再根据图 17.27b，负载电阻是 R_C 和 R_L 的并联组合。我们已经设定 R_L=5kΩ，为了使并联电阻为 2kΩ，需要设定 R_C 约为 3kΩ，则

$$\frac{1}{R_{\text{eq}}} = \frac{1}{R_C} + \frac{1}{R_L} \Rightarrow R_{\text{eq}} = \frac{3\text{k}\Omega \times 5\text{k}\Omega}{3\text{k}\Omega + 5\text{k}\Omega} \approx 2\text{k}\Omega$$

因此，可以设定为

$$R_C=3\text{k}\Omega$$

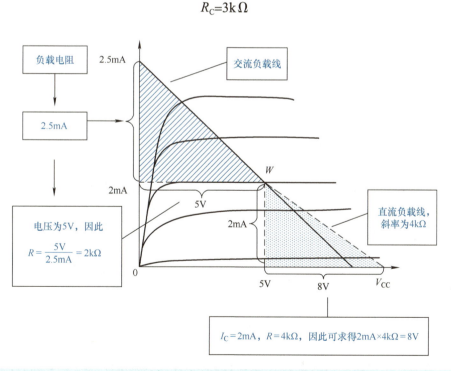

图 17.28　基于负载线的负载电阻的求法

17

接下来是 R_E。为了稳定集电极电流，R_E 越大越好。然而，如果太大，会导致直流电压的电压降过大，从而需要更高的 V_{CC}，这会带来不必要的损耗。因此，将电压降控制在约为 2V，而集电极电流为 2mA，可得

$$R_E = \frac{2V}{2mA} = 1k\Omega$$

接下来，我们考虑直流负载线。工作点保持不变，$R_C + R_E = 3k\Omega + 1k\Omega = 4k\Omega$，这就是直流负载电阻。再次画出负载线，考虑工作点所形成的三角形，其电压为 8V，最终 V_{CC} 为

$$V_{CC} = 5V + 8V = 13V$$

然而，并没有 13V 的电池。虽然通过交流电源可以生成 13V，但如果使用电池，则需要用 1.5V 的电池串联 8 个，得到 12V（或者使用两个 6V 电池，或者使用 12V 的汽车用电池）。因此，我们稍作妥协，设定为

$$V_{CC} = 12V$$

以上就是电阻值和电源电压的设定过程。

17.3.3 确定 R_1 和 R_2

在图 17.25 中，R_1 和 R_2 的作用是稳定基极电压。将 R_1 和 R_2 的值设得越小，基极电压就会越稳定。然而，如果值太小，直流电流会变得很大，导致电路消耗更多电力。此外，如果 R_2 太小，输入信号会流向 R_2，而不是流经晶体管，这样晶体管就无法正常工作。因此，需要综合考虑，选择合适的大小。为此，我们引入了一个衡量稳定性的指标，称为**稳定系数 S**。

稳定系数 S 表示基极电流因温度等变化时，集电极电流变化的倍数。换句话说，S 越小，电路的稳定性越高。在一般使用的电路中，$S = 10$ 是一个常见的设定值。也就是说，当基极电流变化时，集电极电流的变化是基极电流变化的 10 倍。利用这个 S 值，可以通过计算得到 R_1 和 R_2 的值。但由于推导过程较为复杂，这里直接给出计算结果为

$$R_1 = \frac{V_{CC}S}{I_C} \tag{17.3}$$

在我们的电路中，电源电压 $V_C = 12V$，工作点的集电极电流 $I_C = 2mA$，稳定系数 $S = 10$，则

$$R_1 = \frac{12\text{V}}{2\text{mA}} \times 10 = 60\text{k}\Omega$$

因此，R_1 的值为

$$R_1 = 60\text{k}\Omega$$

R_2 的计算稍微复杂一些，即

$$R_2 = \frac{R_1 R_E E}{R_1 - R_E E} \tag{17.4}$$

在我们的电路中，$R_1 = 60\text{k}\Omega$，$R_E = 1\text{k}\Omega$，$S = 10$，可得

$$R_2 = \frac{60\text{k}\Omega \times 1\text{k}\Omega \times 10}{60\text{k}\Omega - 1\text{k}\Omega \times 10} = \frac{600\text{k}\Omega}{50} = 12\text{k}\Omega$$

因此，R_2 的值为

$$R_2 = 12\text{k}\Omega$$

如果允许电路消耗更多的电力，可以通过减小 S 来提高电路的稳定性。例如，将 S 设为 7 或 5。若 $S = 5$，则

$$R_1 = \frac{12\text{V}}{2\text{mA}} \times 5 = 30\text{k}\Omega$$

$$R_2 = \frac{30\text{k}\Omega \times 1\text{k}\Omega \times 5}{30\text{k}\Omega - 1\text{k}\Omega \times 5} = 6\text{k}\Omega$$

因此，$R_1 = 30\text{k}\Omega$，$R_2 = 6\text{k}\Omega$。

需要注意的是，上述计算是经过一定程度近似的结果。在实际电路中，可能会导致工作点与设定值稍有偏差。此外，不同的晶体管特性也会引入一定的误差。

17.3.4　确定电容的值

通过以上步骤，电路的电阻值已经确定了，接下来我们需要决定电容的值。

首先看图 17.25 中的 C_1。从晶体管一侧的输出端看过去，电容 C_1 和输入电阻的乘积，也就是时间常数，应当等于所需频率的 2π 倍的倒数。

输入电阻 R_i 是图 17.25 中 R_1、R_2（其中 R_2 经由 V_{CC} 接地）及晶体管输入电阻的并联组合。晶体管的输入电阻是发射极电阻的 h_{fe} 倍。也就是说，由于电流

17

增益的关系，基极和发射极之间的电阻会变得较高。这里的计算略去不写，但可以认为电路的输入电阻大致在 $1 \sim 2\text{k}\Omega$，这样的估算是没有问题的。

假设我们希望放大低频部分到大约 50Hz，那么 C_1 为

$$C_1 = \frac{1}{2\pi f R_i} \tag{17.5}$$

其中，f 为 50Hz，R_i 为 $1\text{k}\Omega$，π 取 3.14。因此，

$$C_1 = \frac{1}{2 \times 3.14 \times 50 \times 1000} = \frac{1}{314000} \approx 3.3 \times 10^{-6}\text{F}$$

即 $C_1 \approx 3.3\mu\text{F}$。不过，与电阻不同，电容的值并不需要严格精确，反而可以选择稍大一些的值以确保万无一失。因此，这里选择 $C_1 = 5\mu\text{F}$。

接下来是 C_2。在这种情况下，起作用的电阻是负载电阻 R_L 和晶体管电路的输出电阻 R_o。换句话说，可以将 C_2 看作从晶体管左侧观察到的等效电阻。

通常情况下，R_o 非常小，并且 R_o 与 R_L 在电路中是串联的。所以在本例中，$R_L = 5\text{k}\Omega$，可以忽略 R_o 的影响。

根据

$$C_2 = \frac{1}{2\pi f R_L} \tag{17.6}$$

可得

$$C_2 = \frac{1}{2 \times 3.14 \times 50 \times 1000} \approx 0.7\mu\text{F}$$

计算结果为 $0.7\mu\text{F}$，可以选择稍大一些的值，如 $C_2 = 1\mu\text{F}$。

接下来是 C_E。在这种情况下，仅仅考虑 R_E 是不够的，还需要考虑与其并联的发射极和基极之间的电阻，以及 R_1 和 R_2 的并联电阻。此外，由于晶体管增益的关系，这些电阻的等效值会变得非常小。

合成电阻等效电阻 R_T 的计算较为复杂，这里省略不写。通常可以假设其值为 $100 \sim 500\Omega$。本例中取 $R_T = 100\Omega$，则

$$C_E = \frac{1}{2\pi f R_T} = \frac{1}{2 \times 3.14 \times 50 \times 100} \approx 33\mu\text{F}$$

和 C_1、C_2 相比，是非常大的。所以选择 $C_E = 30\mu\text{F}$。

这是一个具有交流电流反馈的电路形式，虽然增益会降低，但电路变得更加稳定。现在来考虑 C_1、C_2、C_E 的耐受电压情况。对于 C_1 和 C_E，耐受电压只需几 V 即可；而对于 C_2，耐受电压需要高于 V_{CC}。因此，推荐的耐受电压选择是：C_1 和 C_E 的耐受电压为 10 ～ 15V、C_2 的耐压为 20 ～ 30V。晶体管用电容通常会选择容量较大的，同时通过降低耐受电压来减小体积。

好了，电路终于设计完成了，完成的一级增益电路如图 17.29 所示。

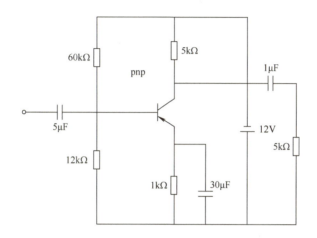

图 17.29 完成的一级增益电路

17.3.5 确认电路动作

一个电路的设计通常比较复杂，即使计算已经完成，为了确保准确性，仍需要使用测量仪器（如万用表）来测量各个端子的电压和电流是否符合设计规范。如果测量结果与预期相差很大，说明电路中可能存在错误，需要仔细检查并修正。

为了制作出市面上常见的电路，需要付出相当大的努力才能稳定。另外，这里面也提到了，电路或多或少要进行计算。电路计算出现 kΩ 和 μF，相当容易出错。这种计算习惯了比较好，不要嫌麻烦，自己试试看吧。

其中也有很多人认为不用这么麻烦，只要参考电路的例子直接做就可以了。的确如此，但电路中的电阻究竟起着怎样的作用，仅靠电路图是很难搞清楚的。但是，在理解了各部件的工作原理的基础上，大家还可以不断创造出新的电路。

17

1. 负载线是一条向右下方倾斜的直线。

2. 晶体管的工作状态只能处于负载线上。

3. 如果工作点选择不合适，输出波形就会失真。

　　1）偏置的作用。偏置是为晶体管提供电能的一种方式。

　　2）负载线的限制。负载线受到多种条件的限制。

　　3）标准偏置电路。基极分流电路是标准的偏置电路。

4. 必须考虑直流负载线和交流负载线。

5. 晶体管电路中的电容通常较大。

6. 通过计算，分别求出偏置电路的电阻。

第17章　练习题

　　问题1：当负载电阻变大时，在输出特性图中，负载线的倾斜程度会变得更平（横向）还是更陡（竖向）？

　　问题2：想要知道某个电路中晶体管的工作点，该怎么做？

　　问题3：现在想在基极回路中流过 $30\mu A$ 的偏置电流。如果电源电压是12V，那么在电源和基极端子之间应该接入多大的电阻才合适呢？

　　问题4：晶体管在饱和区域时还能实现放大功能吗？

　　问题5：固定偏置电路有哪些缺点？

　　问题6：硅晶体管的基极－发射极电压 V_{BE} 大约是多少？

　　问题7：小信号晶体管的集电极电流通常选择在哪个范围？

　　① $10 \sim 100\mu A$；② $1 \sim 5mA$；③ $10 \sim 30mA$；④ $50 \sim 100mA$。

　　问题8：温度上升的话，晶体管的 I_{CEO} 会如何变化？

　　问题9：晶体管放大器的下一级输入电阻是否会影响直流负载线？

　　问题10：通常交流负载和直流负载哪个更大？

　　问题11：当稳定系数为5时，电源－基极之间的 R_1 和基极－地之间的 R_2 分别为多少？假设 V_{CC} 为10V、I_C 为2mA、R_E 为 $1k\Omega$。

　　问题12：当输入电阻设为 500Ω 时，想将低频放大到30Hz。输入耦合用电容的大小是多少比较好呢？

　　问题13：如果不加入发射极的旁路电容，电路会如何变化？

　　问题14：在发射极接地放大电路中，电流大约会放大多少倍？

第 **18** 章

半导体器件参数和
等效电路

我们每个人外出时最好都随身携带身份证，用作"身份证明"。如果没有身份证，驾驶证也能派上用场。晶体管的"身份证明"就是其"特性表"。通过特性表，可以了解晶体管的特性和适用环境。当大家想要使用晶体管时，理应先查阅其特性表。如果盲目使用晶体管，就像无证驾驶一样危险。

表 18.1 是晶体管的电气特性。其中包含了集电极 – 发射极击穿电压、集电极漏电流、电流放大系数（h_{fe}）等参数。通常会列出最小值、标准值和最大值。例如，电流放大系数的最小值为 35、标准值为 80、最大值为 200。换句话说，即使是同一种晶体管，其电流放大系数也可能存在很大差异。对于半导体来说，这种参数很难做到完全一致。话说回来，关于 h_{fe}，它是没有单位的。"多少倍"这种说法并不涉及 V 或 A 等单位，仅仅表示"200 倍"这样的倍数关系。

表 18.1　晶体管的电气特性

项目	符号	测量条件	最小值	标准值	最大值	单位
集电极 – 发射极击穿电压	BV_{CBO}	$I_C = 1\text{mA}$	50	—	—	V
集电极漏电流	I_{CBO}	$V_{CB} = 20\text{V}$	—	—	1	μA
电流放大系数	h_{fe}	$V_{CE} = 3\text{V},\ I_C = 10\text{mA}$	35	80	200	—
基极 – 发射极电压	B_{BE}	$I_C = 10\text{mA}$	—	0.65	—	V
增益带宽积	f_T	$V_{CE} = 6\text{V}$	—	100	—	MHz

那么，h_{fe} 到底是什么呢？追本溯源，h 又是什么呢？本章将对 h 进行探讨。

h 是"混合"（Hybrid）的首字母。除了 h_{fe} 之外，还有 h_{ie}、h_{re} 和 h_{oe}，总共有 4 种参数，这些被称为 h 参数，它们是衡量晶体管性能的重要指标，常被用于分析双端口网络，特别是晶体管放大器的小信号特性。

表 18.1 中的击穿电压或漏电流可以看作是晶体管的"体格"，就像人的身高和体重，但这并不能完全反映一个人的优秀程度。而 h 参数则类似于晶体管的"成绩单"或"智商指数"。参数（Parameter）可以翻译为"常数"，但这个词可能不太直观。可以将其理解为用 h 这样一个特殊的标尺来衡量晶体管时得到的数值。

18.2 ▶ 参数的必要性

那么，为什么需要这些看起来复杂的 h 参数呢？

首先来看图 18.1 中的电阻和电容。图 18.1 所示为二端子元器件，对于这种两端元器件，只需标明 100Ω 或 0.01μF 即可，它们的性能就能简单描述。此外还有耐受电压或额定电压等参数，但这些是次要的。

然而，如果是图 18.2 所示的三端子元器件，并假设它是类似晶体管的元器件，那就必须想办法描述这个三端子元器件的性能。让我们试着解决这个问题。

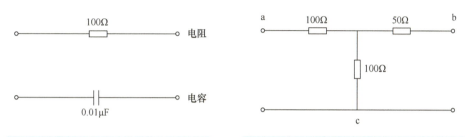

图 18.1　二端子元器件

图 18.2　三端子元器件（a-c 之间 200Ω，b-c 之间 150Ω）

在图 18.2 中，首先将一个端子 c 作为公共端（可以认为是接地），然后用测试仪测量 a 和 c 之间的电阻，结果为 200Ω。接着测量 b 和 c 之间的电阻，结果为 150Ω。这些就是描述该电路（更具体地说是电路网络）的参数。

那么，如果是一个非常复杂的电路网络，如图 18.3 所示的将复杂的三端子电路进行简化的示意图，又该怎么办呢？是不是就无从下手了？其实并非如此。问题在于我们能看到内部的具体电路。如果将其视为一个"装在箱子里的元器件"（见图 18.3b），问题就变得简单了。

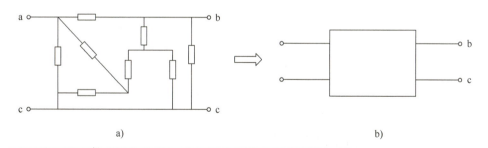

a)　　　　　　　　　　　　　　　　　　　　　　　　　b)

图 18.3　将复杂的三端子电路进行简化的示意图

a）复杂的　b）简单的

将图 18.3 的复杂电路简化为一个"暗箱"（Black Box），只考虑其外部特性。因为内部不可见，所以称其为"暗箱"（见图 18.4）。接着，在图 18.4 中，用测试仪测量 a 和 c 之间的电阻，假设结果为 120Ω；然后测量 b 和 c 之间的电阻，结果为 60Ω。这时，问题是否就解决了呢？

18

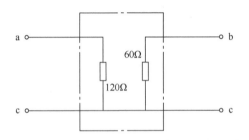

图 18.4　与图 18.3 相同的暗箱

似乎一切看起来都很顺利，但仍有些令人担忧。例如，图 18.4 中的暗箱，若其内部电阻 $R_1 = 120\Omega$、$R_2 = 60\Omega$，从外部测量的特性（暗箱特性）确实完全一致（分别是 120Ω 和 60Ω）。但直觉上，图 18.3 和图 18.4 的电路不可能完全相同。

因此，我们尝试另一种方法。传递电阻的测定如图 18.5 所示，在 a 和 c 之间接入一个 1.5V 电池，同时测量 b 和 c 之间的电流。在图 18.3 的电路中，会有一定的电流流过；而在图 18.4 的电路中，电流则为 0。通过这种方式，就可以区分两个电路的差异。

如果在图 18.3 的电路中进行上述测量，假设电池电压为 1.5V，测得电流为 15mA，则电阻为 100Ω。

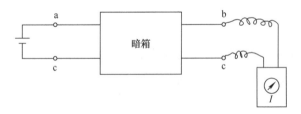

图 18.5　传递电阻的测定

读到这里，聪明的读者可能会提出，"等等，还有一种测量方式。是否存在类似图 18.6 所示的逆向电阻呢"？的确如此！在图 18.6 中，将电池接在 b 和 c 之间，测量 a 和 c 之间的电流。让我们试试看。

图 18.6　逆向（反馈）电阻

奇妙的是，无论使用什么电路，图 18.6 的测量结果与图 18.5 的测量结果完全相同。这种电阻被称为"反馈电阻"，它始终等于之前提到的"传递电阻"。在由电阻和电容等无源元件组成的电路网络中，传递电阻和反馈电阻总是相等，这已被证明为定理。因此，对于电路网络来说，仅仅 3 个参数就足够了。

18.3 ▶ 能动回路网

那么，该如何看待晶体管呢？毕竟它有 3 个端子，因此可以将其看作一个"回路网"。如果是这样的话，假设以发射极为接地端，那么只需测量以下三项就可以了：

1）输入电阻（B-E 间，即基极与发射极之间的电阻）。

2）输出电阻（C-E 间，即集电极与发射极之间的电阻）。

3）转换电阻（即输入信号与输出信号的关系）。

这样应该就可以了吧？

当在基极施加电压并读取集电极电流时（这是普通的放大状态），以及在集电极施加电压并反向读取基极电流时，根据之前提到的回路网定理，这两种情况下的结果应该是相等的。

然而，实际上却有很大的不同。这并不是说回路网定理是错误的，而是在这种情况下，晶体管属于"能动回路网"，也就是说，它是一种具有放大功能的器件。

晶体管或真空管属于"能动回路网"，而回路网定理只适用于"被动回路网"，也就是仅由电阻（R）、电感（L）、电容（C）组成的回路网。

对于能动回路网，由于转换电阻和反馈电阻的值会有所不同，因此原则上需要 3 个参数来描述晶体管的特性。

1. R 参数

这里我们稍微列出一些公式。这些公式是为了简单明了地总结出各个电阻之间的关系。图 18.7 所示为电压和电流的方向。假设有一个图 18.7 中的暗箱，我们将输入电压（V_1）、输入电流（I_1）、输出电压（V_2）、输出电流（I_2）分别定义为图中所示的方向。这只是一个约定，没有特别的理由。这样定义后，可得

$$V_1 = R_1 I_1 + R_R I_2 \qquad (18.1)$$

18

图 18.7 电压和电流的方向

让我们来解析式（18.1）。首先，从式（18.1）中的 $V_1 = R_\mathrm{I} I_1$ 提取出部分内容，这其实就是欧姆定律，表示 R_I 是连接在端子①和地之间的电阻。在这里，I_1 是输入电流。

然而，如果在端子②有电流 I_2 流过，根据之前的讨论，这会对 V_1 产生影响（之前我们是通过施加电压来使电流流动，而这里是反过来，电流流动产生电压）。因此，考虑到这部分影响，V_1 可以写成

$$V_1 = R_\mathrm{R} I_2 \tag{18.2}$$

这里的 R_R 是一种特殊的电阻，被称为反馈电阻（Reverse Resistance），它与普通电阻有所不同。

输入端电压 V_1 是由两部分原因叠加而成，分别是输入电流 I_1 引起的电压和输出电流 I_2 引起的反馈电压。这是一种叠加定理的应用，也是回路网定理的一部分。于是，式（18.1）就成立了。

同样地，在输出端 [端子②]，我们可以写出类似的公式：

$$V_2 = R_\mathrm{F} I_1 + R_\mathrm{O} I_2 \tag{18.3}$$

这里的 R_F 是正向电阻（Forward Resistance），而 R_O 是输出电阻（Output Resistance）。

通过以上的组合，所有参数都可以用电阻的单位（ Ω ）来表示。这种方法被称为 **R 参数法**。这种方法非常直观易懂，但在实际测量中却很少使用，这是因为 R 参数法只适用于直流情况，而在交流情况下使用很少。例如，在式（18.3）中，如果要测量 R_F，需要设法将 I_2 置为零。然而，若 $I_2 = 0$，意味着没有电流流动，晶体管将完全停止工作，这样测量就失去了意义。因此，在直流偏置的基础上，还需要设法让交流信号的 $I_2 = 0$。这在实际操作中非常困难，例如，需要通过无限大的电感来隔离直流电流。

由于测量困难，R 参数法在实际中很少使用，但在理解回路网参数时却是最方便的。

2. h 参数

见式（18.1）和式（18.3），回路网的特性可以用 V_1、I_2、V_2、I_2 表示，也可以有其他组合方式。其中一种就是 h 参数法，其公式如下：

$$V_1 = h_{ie}I_1 + h_{re}I_2 \tag{18.4}$$

$$I_2 = h_{fe}I_1 + h_{oe}V_2 \tag{18.5}$$

这里将 R 参数替换为 h 参数，如图 18.8 所示。h 参数不一定具有电阻的单位，接下来让我们逐一分析式（18.4）和式（18.5）中的 h 参数。

1）h_{ie} 输入电阻。

在式（18.4）中，若忽略 V_2，则 $V_1 = h_{ie}I_1$。因此，h_{ie} 相当于输入电阻，单位为 Ω。

2）h_{re} 电压放大系数。

若 $I_1 = 0$，则 $V_1 = h_{re}V_2$。此时，h_{re} 表示输入端电压与输出端电压的比值，无单位。对于晶体管来说，h_{re} 通常是一个很小的值（小于 1）。

3）h_{fe} 电流放大系数。

在式（18.5）中，若 $V_2 = 0$，则 $I_2 = h_{fe}I_1$。此时，h_{fe} 表示输出电流与输入电流的比值，即电流增益。对于晶体管来说，h_{fe} 通常为 20～200。

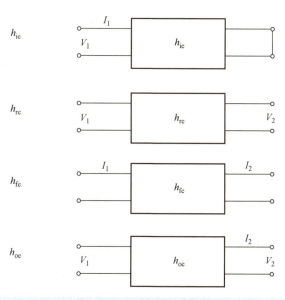

图 18.8   4 个 h 参数和应测的参数

18

4）h_{oe} 输出电导。

若 $I_1 = 0$，则 $I_2 = h_{oe}V_2$。此时，h_{oe} 表示输出电流与输出电压的关系，单位是导纳（摩）。由于晶体管的输出电阻很大，因此 h_{oe} 通常是一个很小的值，用微摩（μmho）表示。

3. 交流参数

到目前为止，我们讨论的都是在直流情况下考虑的 h 参数。然而，通常我们使用晶体管进行信号放大的场景中，信号大多是交流信号。

正如之前提到的，在交流情况下，负载电阻的值等特性与直流情况下会有很大的不同。

因此，h 参数并不是一个固定不变的值，它会随着以下因素发生变化：

1）偏置（Bias）的变化。

2）工作点的变化。

3）信号自身幅度的变化。

正因为如此，晶体管的特性表上总会标明具体的测量条件，以确保不会出现误解。

在测量交流信号时，h 参数非常方便，如根据式（18.6）来计算。

$$V_1 = h_{ie}I_1 + h_{re}V_2 \tag{18.6}$$

如果想要测量 h_{ie}，只需将 V_2 设置为 0，然后测量 V_1 和 I_1 的关系即可。将 $V_2 = 0$ 的方法是通过电容将输出端短路，这样操作起来非常简单。

相比之下，如果使用 R 参数法，则需要将输出端开路。尤其是在高频条件下，开路测量会因为回路中的浮游电容（寄生电容）而导致测量变得非常困难甚至不可能。

同样地，根据式（18.7）来计算。

$$I_2 = h_{fe}I_1 + h_{oe}V_2 \tag{18.7}$$

如果想要测量 h_{oe}，只需将 $I_1 = 0$，即将输入端开路，这也很容易实现。

为什么 h 参数更方便？在输出端短路比开路更容易，因为晶体管的输出内部电阻通常很高，而将其完全开路需要非常高的阻抗。相比之下，输入端的内部电阻通常较低，因此将其短路反而更加困难。

尽管开路和短路在实际操作中并不可能完全理想化，但只要设置一定的限制条件，如使内部电阻的影响可以忽略，h 参数就显得更加实用。事实上，h 参数就是为了方便测量而设计出来的一种组合方式。

除了前面讲到的 h_{ie}、h_{re}、h_{fe}、h_{oe}，更换 h 的下角，会有不同的含义，你知道接下来的量是什么吗？h_{ib}、h_{rb}、h_{fb}、h_{ob} 是双端口网络在共基极组态下的 h 参数。

图 18.9 所示为发射极电流对 h 参数变化的影响，展示了当发射极电流发生变化时，h_{fe} 和 h_{ob} 的变化情况。有的参数变化不大，也有的参数变化很大。另外，图 18.10 所示为温度对 h 参数变化的影响，展示了当温度变化时 h_{oe} 和 h_{fe} 的变化。图 18.9 和图 18.10 中的曲线表示这些参数相对于标准状态的百分比变化。当晶体管性能恶化（如出现故障）时，即使尚未完全失效，h 参数也会发生显著变化。即便只是轻微的"病态"（如轻度退化），h 参数的变化也非常明显。因此，h 参数可以用作晶体管健康状态的指标。另外，虽然晶体管会变坏，也就是会发生故障，但即使在真正严重的状态之前，也就是轻微"生病"的时候，这个 h 参数也会发生很大的变化。在这种情况下，h 参数表示晶体管的健康状态。

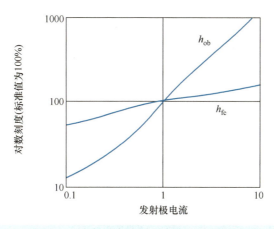

图 18.9　发射极电流对 h 参数变化的影响

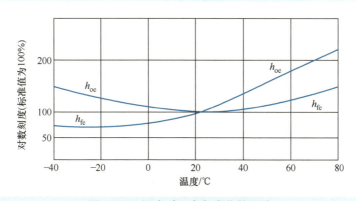

图 18.10　温度对 h 参数变化的影响

18

18.4 ▶ 回路电阻

现在，我们已经对 h 参数有了一些了解。但需要注意的是，h 参数仅仅是关于晶体管本身的参数。当我们使用晶体管构建放大电路时，整个电路的输入阻抗（电阻）与输出电导并不仅仅是 h_{ie} 和 h_{oe} 这些参数的简单值。这是因为电路中还连接了外部电阻，这是显而易见的。

然而，由于晶体管本身的电阻（即 h 参数）是已知的，因此我们可以将整个电路作为一个整体来计算其输入和输出的电阻。例如，当将信号源的内阻 R_g 和负载电阻 R_L 连接到晶体管时，我们可以通过计算得到输入电阻 R_i 和输出电阻 R_o。

输入电阻 R_i 为

$$R_i = \frac{h_{ie} + R_L(h_{ie}h_{oe} - h_{re}h_{fe})}{1 + h_{oe}R_L} \tag{18.8}$$

从式（18.8）可以看出，输入电阻 R_i 的值会随着负载电阻 R_L 的变化而变化。图 18.11 就是根据式（18.8）计算得出的结果。

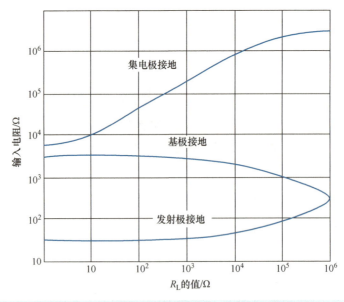

图 18.11 输入电阻随着负载电阻 R_L 的变化而变化

此外，还可以计算放大器的电压增益（Voltage Gain）为

$$G_V = \frac{-h_{fe}R_L}{h_{ie}(h_{ie}h_{oe} - h_{re}h_{fe})R_L} \tag{18.9}$$

由此可知，改变负载电阻 R_L 的值时，电压增益 G_V 也会发生变化。此外，还可以计算输出电阻、电流增益、电力增益等相关参数。

至此，我们已经完成了关于晶体管线性放大电路的讨论。如果能够充分理解这些内容，那么对于放大电路之外的其他电路（如振荡电路、调制电路、高频放大器、直流放大器、电源电路等），也会更容易理解。此外，基于脉冲信号的电路在未来也将变得非常重要。

如果要将所有相关内容都像本书这样详细地描述，书本会变得非常厚。因此，建议在理解了基础知识后，可以参考其他关于半导体的书籍，进一步学习。最重要的是要做到"彻底理解"。不要放任自己对某些点的困惑。要反复思考，直到能够清楚地解释为止。将不明白的地方反复回顾、推导，并尝试用自己的语言解释清楚。

第 18 章　知识要点

1. 要描述四端口网络的特性，必须使用参数（如 h 参数）。
2. 在被动回路网中，传输电阻与反馈电阻是相同的。
3. 参数在测量上具有优势，尤其是交流信号的场景。

第 18 章　练习题

问题 1：在能动回路网中，传输电阻和反馈电阻为何不同？
问题 2：请说出 R 参数和 h 参数的特点。
问题 3：参数是否会随着偏置的变化而变化？
问题 4：使用参数表达电流放大系数的公式是什么？